天然釉

——釉料的配制与制作方法

天然釉

——釉料的配制与制作方法

［英］米兰达 · 福雷斯特（Miranda Forrest）　著

张凌云　译

余　洁　审校

上海科学技术出版社

图书在版编目（CIP）数据

天然釉：釉料的配制与制作方法 / （英）米兰达·福雷斯特（Miranda Forrest）著；张凌云译. -- 上海：上海科学技术出版社，2022.8（2024.1重印）
（灵感工匠系列）
书名原文：Natural glazes--Collecting and making
ISBN 978-7-5478-5733-5

Ⅰ.①天… Ⅱ.①米… ②张… Ⅲ.①陶釉－原料－配制②陶釉－制备 Ⅳ.①TQ174

中国版本图书馆CIP数据核字(2022)第118468号

Natural Glazes: Collecting and Making by Miranda Forrest
First published in Great Britain 2013
Published simultaneously in the USA
University of Pennsylvania Press

天然釉——釉料的配制与制作方法

[英] 米兰达·福雷斯特（Miranda Forrest） 著
张凌云 译 余 洁 审校

上海世纪出版（集团）有限公司
上 海 科 学 技 术 出 版 社 出版、发行
（上海市闵行区号景路159弄A座9F-10F）
邮政编码201101 www. sstp. cn
上海中华商务联合印刷有限公司印刷
开本 889×1194 1/16 印张 7
字数 140千字
2022年8月第1版 2024年1月第2次印刷
ISBN 978-7-5478-5733-5 / J·70
定价：110.00元

译者序

长久以来，我的作品仅限于使用购买的釉料进行装饰，通过翻译此书我开始了解到使用天然材料的迷人之处：经过季节转换的枯草、默不作声的岩石、被海浪层层推上岸的海藻，以及被风吹落的旧鸟巢里的草，那么多的大自然物质都可以经过研磨、煅烧再混合成为釉料，经火烧成为釉，万物以这种形式连接为一体。

翻译的过程就是与作者米兰达·福雷斯特（Miranda Forrest）一起在山野、在海边寻找材料的过程。她配制出好看的釉色，我为之欣喜；她指出需要注意的安全事项，我在内心默默记住。我们都知道陶瓷最大的魅力在于它的不确定性，高温烧制结束后打开窑门，作品往往会有让创作者预想不到的样子。福雷斯特认为，当使用的是天然的、未经提炼的材料时，这种感受更为强烈。

我建议陶瓷的创作者去户外走走，寻找自己与自然的美好相遇，看看能找到什么天然材料融入釉里再体现在作品中。那是把周遭的自然景观带入陶瓷作品中的一种经历。如同作者所说——这会成为你行走叙事的一部分，或是你的行走成为器物叙事的一部分。

感谢景德镇陶瓷大学的英语老师余洁，她认真审校了全书。感谢远在美国的刘博文老师，他帮助我解决了苦思不得的难题。感谢我5岁的女儿嘟嘟，翻译实苦，最开始我想要放弃的时候，是想到作为母亲要给孩子建立榜样才坚持下来。虽然她每每见我打开电脑就会冲过来喊“妈妈我帮你工作”，然后在键盘上一顿乱敲。

常常不满有译者说“由于本人水平有限，书中难免出现谬误”，觉得过于谦虚。然而此刻，我要真诚地说——由于本人并非英文专业出身，水平有限，难免出现谬误，还请多多指教。

张凌云

米兰达·福雷斯特（Miranda Forrest）
《茶碗》，2011年
均为苏塞克斯（Sussex）本土黏土作品，还原焰烧至8号锥。后方两个作品均为海崖沉积黏土作品，左边的釉面为南尤伊斯特（South Uist）马尾灰，右边为苏塞克斯的日本虎杖，作品尺寸：7.5 cm × 8 cm。前方作品使用内陆花园黏土，用南尤伊斯特马尾灰上釉，作品尺寸：4 cm × 5.5 cm
摄影：米兰达·福雷斯特（Miranda Forrest）

前言

1999年搬到南尤伊斯特岛（South Uist）时，我感到与周围环境的联系如此紧密，甚至希望将它们直接或间接地带到我的陶瓷作品中。南尤伊斯特岛是苏格兰西部诸岛之一，也被称为外赫布里底群岛（Outer Hebrides），主要由29亿年前的变质岩刘易斯片麻岩（lewisian gneiss）组成。

最初，我对能够找到可用的材料不抱希望。我所知道的唯一的天然釉是黏土和草木灰的混合物，但是南尤伊斯特岛的树木很少，黏土也很难找到。不过，经过一些考察研究和实验，我对使用当地材料配制的釉料感到惊讶：可以用各种陆生草本植物和海生藻类植物代替木材制作灰釉，用其他种类的岩石碎块代替黏土。这些材料中的大部分可以制成某种釉。我逐渐意识到，制作天然釉的基本原理并不依赖于找到特定的岩石或植物，虽然有些材料会产生某种特别的釉，例如天目釉或钧窑釉。这类釉料来自遥远的中国，那里的材料表面上虽与南尤伊斯特岛的不同，但研究结果表明，它们实质上含有相似的矿物质。塑泥胎——尤其是耐高温的那一种——也许要依赖于找到特定种类的沉积物，但是如果只是制作普通釉料，那么选择范围要广泛得多。

从南尤伊斯特岛的贝恩莫尔（Beinn Mhor）山坡向西眺望，越过泥炭沼泽，一直望向鲁布哈艾尔德穆伊莱（Rubha Aird a'Mhnile）的大西洋沿岸，那里是“黑土地带”和“沙质低地”。该镇位于博内斯（Bornais）

摄影：米兰达·福雷斯特（Miranda Forrest）

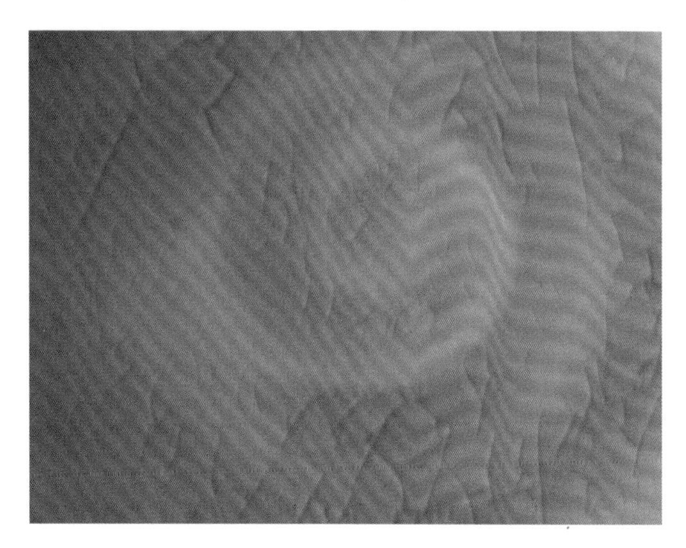

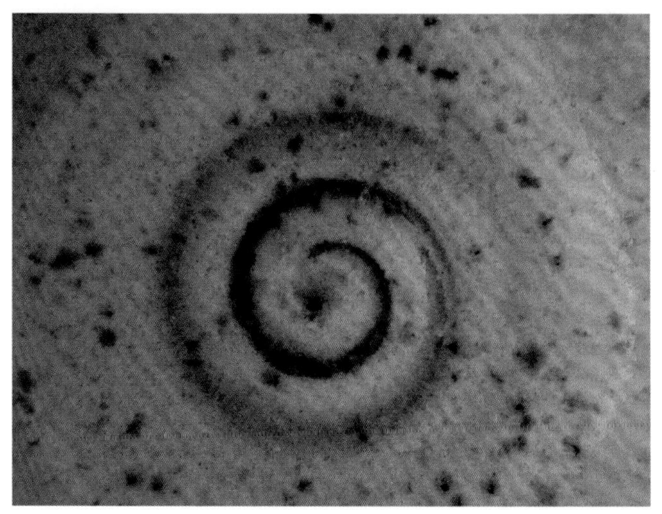

配备天然釉需要寻找原材料并加工处理，这可能类似于早期陶工在烧的过程中观察什么材料会熔化。今天，我们具有了解釉料化学的科学知识的优势，这是早期的陶工所缺少的。

釉料化学是一门复杂的科学，我们对它的大部分认知都是由产业主导的。陶瓷产业已将其资源用于生产高度实用、卫生和耐用的釉料。这些釉料由来自世界各地的矿床和精炼矿物质制成。尽管主要是为工业陶瓷而开发的，但是我们个人陶艺家和在陶瓷创新领域的人们仍然受益于并使用该技术。现在的创作者可以从供应商那里订购现成的黏土和釉料，而无需了解制造过程中使用的基本配料。如果他们想让自己的黏土或釉料有更多的个人色彩，可以从供应商处订购原材料，用于制备自己的配方。将这些配料研磨成大小一致的颗粒后，就可以方便地用袋装并且贴上标签，以备称重和使用。我这样做了很长一段时间，但是对长石在自然状态下的外观是什么样子却一无所知！

制备底釉的常规方法涉及复杂的公式和算术。刚上大学时，我有极大的兴趣和热情去研究这些配方，我还清楚地记得是如何从长期而复杂的理论研究中得出的釉料配比，但实际情况是太乏味了，没有任何值得称道的地方！在那次实验之后，我使用了一个成熟的底釉配方，通过添加其他成分来获得想要的颜色和纹理。多年来我一直使用这些釉料配方。

当开始使用收集的制釉材料时，我并不知道家附近有那么多原料可以用来制作釉料。具体的工作方法取决于使用的材料，因为我使用的是天然材料，烧成后的结果每次都可能会有所不同。在绝大部分实验中，我没有称重干燥的材料，而是在潮湿时按体积测量。我用勺子或水瓢通过肉眼测量和评估液体的黏度。在进行釉料分层叠加和混合实验之前，首先要烧制单个成分以了解它们在设定的温度下呈现什么样子。通过这种方式可以了解烧制这些釉料可以产生的多种结果。

左图：米兰达·福雷斯特（Miranda Forrest）
《碗》（细节），2011年
瓷器，釉料来自海带灰和芦苇灰。还原焰烧至9号锥，还原焰

右图：米兰达·福雷斯特（Miranda Forrest）
《碗的底足》（细节），2010年
瓷器，釉料来自1份“8号锥”底釉，1份马尾灰和1份谷物秸秆灰的混合湿测量。还原焰烧至9号锥，还原焰

下页左图：米兰达·福雷斯特（Miranda Forrest）
《插了西洋耆草花的花瓶》，2011年
陶器，釉料来自1份片麻岩岩屑和1份马尾灰的混合湿测量。还原焰烧至9号锥，还原焰，作品尺寸：8 cm × 8 cm

下页右图：米兰达·福雷斯特（Miranda Forrest）
《瓷碗》，2010年
这些瓷碗展示了一些在外赫布里底群岛的天然釉的应用效果。作品尺寸：10 cm × 20 cm
摄影：米兰达·福雷斯特（Miranda Forrest）

当我与澳大利亚陶艺家格雷格·戴利（Greg Daly）一起参加为期一周的釉料（购买而非收集的材料）研讨会时，我已经开始单独烧制收集来的材料。他建议在试片上单独烧制以了解釉料的状态。这对我来说是一个全新的想法，比使用固定配方更好！我从没想过单独烧高岭土或燧石。就我而言，它们只是配方的一部分而已。戴利处理釉料的方式对我影响很大，让我意识到更应该通过视觉（经验）而非理论（配方）来获得釉料结果。

如果你更喜欢使用干燥配料的常规方法，我仍然建议你可以像本书中所描述的那样先对湿的材料进行测试。在通常烧制的温度和窑炉气氛中找到能产生理想结果的材料范围。这样你就知道要大量收集哪些材料，然后改为使用干燥材料，因为在此阶段准确称量成分进行增量实验，可以为获得更一致的结果指明方向。

本书中的研究和实验的对象的顺序遵循自然演化的顺序：岩石、植物和动物衍生物。

米兰达·福雷斯特（Miranda Forrest）
《碗》，2010年
因为碗脚上没有釉料，所以碗的瓷质黏土主体可见。碗主体的釉面是一层海带海藻灰，海带海藻灰上又覆盖了一层麦秸灰。这是一件使用含有少量氧化铝釉料的作品。在烧制过程中，釉料会旋转，在中心形成了一个玻璃状的“小池子”。还原焰烧至9号锥。作品尺寸：10 cm × 21 cm
摄影：米兰达·福雷斯特（Miranda Forrest）

致谢

我要感谢尤伊斯特岛（Uist）的居民，特别是博内斯（Bornais）和艾诺特湖镇（Loch Aineort）的居民，他们提供了材料并允许我为实验收集样本，不管我的要求看起来多么奇怪！还要感谢“男孩詹姆斯号（Boy James）”的船长唐纳德·麦克劳德（Donald Mcleod），是他帮助我登上了明古莱岛（Mingulay），了解它的各种地质特征，而这为我带来很多灵感。也感谢我的搭档格雷厄姆（Graham）没有抱怨在家里和花园里到处摆放了大量岩石和干燥植物。

带着对享有国际声誉的格拉斯哥艺术学院（Glasgow School of Art）陶瓷系的美好回忆，我要感谢老师们通过创新的远程陶瓷学士（荣誉）学位课程让我的知识和能力得到提升，并感谢他们对整个陶瓷界的贡献。

我还要感谢布卢姆斯伯里出版社（Bloomsbury Publishing）的艾莉森·史黛斯（Alison Stace）和凯特·谢林顿（Kate Sherington），感谢她们的编辑，使这本书得以出版。

米兰达·福雷斯特（Miranda Forrest）
《插着轮峰菊的花瓶》，2011年
瓷，釉料来自轮峰菊灰釉还原焰烧至9号锥，作品尺寸：7.5 cm × 5 cm
摄影：米兰达·福雷斯特（Miranda Forrest）

我大部分的釉料都是用野生植物（我从不认为它们是杂草！）或者是用可以大量收集的农作物制成的。但也可以从花园里的园艺作物中获得足够的灰烬来制作釉料。这个花瓶里的轮峰菊花是多年生植物。冬天过后，叶子枯死了，我就把它们收集起来，烧成了灰烬，并对一些四季豆的枯叶做了同样的处理。这个小花瓶只用等量的草木灰上釉

献辞

这本书献给我的父亲保罗·福雷斯特（Paul Forrest）和母亲希拉格·福雷斯特（Sheelagh Forrest），他们让我在西威尔士锡尔迪金（Ceredigion, West Wales）的一个有机奶牛场度过了童年。在那里我可以自由地玩耍，融入自然世界中。

同时写这本书也是为了纪念帕姆·弗拉德格利（Pam Fradgley），她鼓励我在获得西威尔士戴菲德艺术学院（Dyfed College of Art）艺术设计学位后，承担了位于兰达西尔（Llardysul）的布隆南陶器公司（Bronant Pottery）大部分的拉坯工作。

米兰达 ·福雷斯特（Miranda Forrest）
《景观中的陶瓷》，2009年
白色炻器陶土。左：分层浇釉：第一层片麻岩粉，第二层黄菖蒲灰。中：分层浇釉，第一层谷物秸秆灰，第二层海藻灰。右：分层浇釉，第一层片麻岩粉，第二层谷物秸秆灰。还原焰烧至10号锥。作品尺寸：大约90 cm × 24 cm
摄影：米兰达 ·福雷斯特（Miranda Forrest）

目录

米兰达·福雷斯特（Miranda Forrest）
《碗》，2011年
瓷器，釉料为湿法混合1份钾长石（可外购），1份浮木灰和1份芦苇灰，作品尺寸：8 cm × 13 cm
摄影：米兰达·福雷斯特（Miranda Forrest）

第一章

什么是陶瓷釉

人们普遍认为，给泥胎上釉的灵感来源是早期的陶工观察到高温柴烧时，落下的灰烬在器物表面留下闪亮的斑点，于是他们巧妙地尝试在烧制之前将草木灰涂在陶器上。之后，好奇心促使他们进行实验，看看还有什么别的材料会熔化形成釉面。

当代陶瓷的胎体表面通常覆有一层薄薄的釉。釉浆中的固体颗粒细度适当并具有悬浮性。施釉与坯体制作通常分开进行。高温烧制时，釉粒熔融形成釉面，黏附在坯体上。

釉料具有多种功能，包括增加趣味性和装饰性的美化视觉功能、引入不同肌理的丰富触觉功能，以及使坯体表面更光洁和耐磨的实用功能。

要制作自己专属的天然釉料，了解一些基础科学知识是有益的。釉料本质上是玻璃，主要由二氧化硅组成。天然二氧化硅可以从石英中找到，这是一种不透明的白色结晶岩。石英看起来不像是透明的玻璃，因为它需要有数千年的时间慢慢冷却，让晶体有时间生长。如果将二氧化硅重新熔化，然后迅速冷却，就会制成透明的玻璃。

纯二氧化硅仅在温度非常高（超过1 700℃）的环境中熔化，但与助熔剂如：钾、钠、钙、镁（其中一些单独存在时也具有高熔点）结合使用时，熔点就会降低。混合物的熔点称为共晶温度。陶瓷釉浆需要稳定剂来防止流釉甚至黏到硼板上。这种稳定剂以氧化铝的形式出现（纯氧化铝的熔化温度超过2 000℃）。不仅作为添加稳定剂促进了釉料制成，氧化铝还扩大了烧成温度范围。浮法玻璃和釉料的主要区别在于玻璃中的氧化铝较少。

简而言之，制作釉料需要二氧化硅、氧化铝和助熔剂。在适当的配比和一定的温度范围内，它们可以制成稳定的底釉，也可以向其中添加其他成分以实现不同的颜色或质地。稳定的底釉会有自己的烧制温度范围，温度过高会导致流釉，温度过低釉水不会熔融。烧制陶瓷作品的关键是所有成分必须在选择的温度范围内烧成，这也包括坯体的烧成温度。

我通常烧8号锥到10号锥（1 265 ～ 1 300℃），这可以达到理想的最高温度，在这个范围内可以熔融一系列材料。提高烧制温度将增加可熔融材料的范围。如果在较低的温度下烧制，虽然可熔融的材料减少，但你仍然可能会对可使用的材料种类感到惊讶。天然铁赭石和黏土可在1 000℃左右烧制使用。

第二章

认识天然釉料

来自岩石的釉料

实际上，所有釉料都来自土地，或者说来自岩石。这是陶艺家的材料“源头”调色板，所以了解岩石是什么对陶艺家们大有裨益。基于以上这一点，这个主题可能会变得非常复杂，所以我试图专注于阐明与陶瓷有关的知识。如果想了解这个主题的概况，建议阅读一本基础地质学书籍（请参阅扩展阅读章节）。

地球大陆地壳的大约99%由以下八种元素组成（不包括氧气）：硅62%、铝16%、铁6.5%、钙5.7%、镁3.1%、钠3.1%、钾2.9%和钛0.8%。海底的百分比略有不同。这些元素都可以在釉料中找到：

二氧化硅：硅与氧结合形成二氧化硅，用来大量制造玻璃和釉料。

氧化铝：铝与氧结合形成氧化铝，为釉面稳定剂，含量丰富。

助熔剂：钙（白垩粉/石灰）、镁（滑石）、钠（苏打）和钾（钾碱）都是助熔剂。

铁和钛可以为釉料提供颜色。

上页图：米兰达・福雷斯特（Miranda Forrest）
《茶碗》，2011年
瓷质炻器，表面刷上一层由赭石、芦苇/海草和鸢尾植物混合的釉料（鸢尾植物仅用在内侧）。还原焰烧至9号锥。杯子上面睡着一只豹灯蛾。基座石是一块29亿年前的刘易斯片麻岩。作品尺寸：9 cm×9 cm

刘易斯片麻岩的悬崖面，夹杂着白色和粉红色长石/石英岩
摄影：米兰达・福雷斯特（Miranda Forrest）

本贝库拉（Benbecula），外赫布里底群岛。前景中的粉红色岩石是伟晶岩长石，后方有一块颜色更深、富含铁的岩石
摄影：米兰达·福雷斯特（Miranda Forrest）

元素的不同组合造就了我们赖以生存的土地。简单来说，不同岩浆的冷却速度决定了矿物质和氧化物如何分离并结晶成不同种类的岩石。地球的熔融岩浆含有相当数量的铁，当这种岩浆相对较快地冷却时，它很可能变成含铁丰富的玄武岩类岩石，属于典型的海底岩石。如果岩浆保留在地表以下，它就会在大约一万年的时间里缓慢冷却。在它达到1 200℃时，晶体就会开始生长。在最高温度下，最先形成的晶体是较重的金属晶体，如橄榄石和辉石，它们含有大量的铁。因为这些晶体比剩余的岩浆重，它们可以以沉淀或其他方式与之分离。而这就改变了岩浆的成分，变成更纯净、更轻（安山岩）的岩浆。这种岩浆也可以继续长晶体，变成固体时会形成花岗岩、长石或石英。长石和石英岩浆是最轻的，含铁量最少，可以通过较冷岩石的裂缝上升或以其他方式向上渗透，直到凝固形成岩缝、岩床和岩脉。这些侵入体的大小各不相同，在裸露的岩石表面上经常可以看到小的接缝。花岗岩类岩石的含铁量各有不同，但玄武岩类的含铁量范围要广得多。

压力、温度和冷却时间的不同意味着构成地壳岩石的矿物组合数不胜数。正因为如此，岩石通常以它们凝固或变质（在压力或热量下重新形成，但没有重新熔化）的时期命名，而不是以组成它们的矿物质命名。因此，岩石的名称通常对寻找釉料材料的人没有帮助，因为它的名称并不总是与我们使用的陶瓷材料相关。

岩石经过数千年的凝固，显露在地球表面，然后开始了漫长的风化侵蚀而分解的过程。通过空气或水的运输导致类似大小和重量的颗粒沉积，例如黏土、铁赭石或砂岩。另一种情况是，沉积物可能是岩石中的某些矿物质被浸出后的残余物。高岭土（瓷土）和白瓷黏土源自分解的长石，其中助熔剂成分（钾碱、苏打、石灰）流失，留下二氧化硅和氧化铝。

对地质学和矿物学有一定的了解可以帮助大家对陶瓷基础知识有更深刻的理解。就我而言，它提升了我收集原材料的体验的乐趣，提醒我重视所使用的材料的历史，它强调了我们生活的地球与陶艺家创作之间的联系。制作釉料并不需要对所在的地区有深入的地质学了解。一些普通地理知识足以帮助找到用于实验的原材料。

在陶艺领域，对岩石或矿床中可能存在哪些矿物有一个大致的概念就可以了。除非对材料进行科学分析，而这对于小样本来说是相当不现实的。了解它在设定温度下如何在窑中熔化将更容易提供陶艺家在实用层面上所需的信息。岩石和矿床可大致分为富含铁的深色玄武岩类型、浅色的长石或石英，以及含有少量铁且颜色在前两者之间的花岗岩。

海滩边缘的岩石。较软的岩石碎块比嵌入其中的较硬岩层侵蚀得更快
摄影：米兰达·福雷斯特（Miranda Forrest）

特定的岩石群和衍生物

富含铁的岩石

实际上，这一类包含岩浆冷却凝结时在未丢失铁的情况下形成的岩石，以及分离的富含铁的晶体，如橄榄石或辉石。由于存在二氧化硅、氧化铝和助熔剂，富含铁的岩石和晶体通常会在炻器的烧成温度下熔化。它们可以为深色釉料形成非常好的基础。深色的岩石普遍含铁，但有时，有的岩石看起来颜色不深，也有可能含铁。

随着时间的推移——可能需要一段很长的时间——这些岩石会分解产生一系列的沉积物、沉淀物、黏土、下层土和铁赭石。可以在因自然侵蚀或人类挖掘而暴露的地方发现它们。从山区到海岸，各种大小的自然侵蚀悬崖面随处可见。在水道里，无论是大河、峡谷还是小溪，都会产生自然沉积物。海滩上的卵石通常来自不同的岩石类型，这一点用肉眼可以看出，但使用放大镜可以获得更多关于精细晶体结构的信息。

世界各地都有或大或小的采石场，这些采石场是细石粉的良好来源。采石场开采特定的岩石类型或用于一般骨料的混合岩石。因为用石匠钻孔产生的石粉碎屑足够细，所以可以用来制作釉料。

由于岩石、下层土或黏土可能会暴露在外，因此有必要勘察为建筑地基进行的挖掘。

左起：深色、铁含量丰富、细晶的玄武岩类岩石；含少量或不含铁的白色长石/石英类岩石；另两个和后面的大岩石都是花岗岩类型的岩石，含有不同数量的铁
摄影：米兰达·福雷斯特（Miranda Forrest）

露出地面的长石
摄影：米兰达·福雷斯特
（Miranda Forrest）

长石和花岗岩

通常，氧化铝总是以长石（粉末状）而不是纯氧化铝的形式引入釉料中。长石矿物结合了用于制作釉料的三种成分：二氧化硅、氧化铝和助熔剂——一般是钾碱、苏打或石灰（钙）。这意味着作为单个样品烧制的长石通常在炻器的烧制温度下熔化并可以产生透明釉的效果。

长石是一种矿物，可以单独形成岩石，也可以与岩石中的其他晶体结合。花岗岩主要由长石、石英（硅石）和云母的熔融晶体组成。常用的陶瓷材料康沃尔石是一种含铁量很少的花岗岩。霞石正长岩是一种高铝长石。长石和低铁花岗岩提供不同数量的二氧化硅、氧化铝和助熔剂，并且历来是传统炻器釉料配方的主要成分。

长石岩的颜色从白色到粉红色不等，表面有光泽，有裂纹。粉红色的（也有的是白色）通常是钾长石，也称为伟晶岩（粗大晶体）或正长石（碱性）。白色的通常为苏打（钠长石），石灰或钙（钙长石），也称为斜长石。

天然花岗岩的矿物含量各不相同，需要经过烧制才能确认熔化和着色的效果。

根据所在的地理位置来推测判断，长石和花岗岩并不难找到。在野外很难立即知道发现的是什么种类的长石，甚至很难确定它是不是石英。所以我们要找的是所有白色、粉红色甚至淡黄色的岩石，这些通常存在其他岩石的缝隙里。可以烧制试片查看它的烧成反应，指导后续使用。长石在裂纹的表面有一种不同于纯石英晶体结构的独特光泽。长石岩在炎热气候下更容易风化，在世界许多地方都可以发现长石岩的分解，在熔剂被浸出的地方变成高岭土。

在可以找到富含铁的材料的地方寻找这些材料。使用放大镜仔细观察不同的岩石晶体。

富含二氧化硅的岩石

由于二氧化硅几乎占地壳的三分之二，它在与其他矿物结合的岩石中含量丰富，因此在我们已经讨论过的岩石中也存在。它自身形成石英晶体和燧石卵石。很大比例的砂岩实际上是硅砂重新形成的岩石。

石英是一种白色结晶岩，出现在深色岩石的接缝中和花岗岩的细晶体上。石英是一种坚硬的矿物，比长石更硬。这可以用作区分它们的标准。理论上石英很容易刮花玻璃，而长石很难!

在白垩矿床中发现的燧石（二氧化硅），为淡奶油色、坚硬的鹅卵石。砂岩采石场可能是富含二氧化硅的岩粉的来源。

矿床

沙土

石英晶体非常坚硬，但会断裂。在其他矿物变成粉尘时，石英仍可以保持晶体形状。长期以来，全世界都在为玻璃工业开采纯硅砂矿床。海滩上的沙子可能是不同的岩石小颗粒，如二氧化硅晶体，或者其他的当地岩石颗粒和贝壳颗粒。通过放大镜观察样本有助于识别不同类型的颗粒。烧制一个小样品（放在盘子里以保护棚板），看看它是否熔化。

黏土、板岩和页岩

黏土以多种形式在世界各地广泛存在，包括从完全由二氧化硅和氧化铝组成的纯高岭土到含有高比例的铁和其他杂质的矿藏。了解当地是否有或曾经有过砖厂或黏土采石场是首要的查询线索。在花园土壤为黏土类型的地区，有必要研究下层土。此外，还应该研究溪流、河岸和海崖中的黏土。

页岩是一种沉积岩，源自胶结的黏土或沉积的泥浆。板岩与页岩相同，但是经历了变质作用才能形成。

河流沉积物

在河流、海湾或湖泊边缘发现的细小颗粒最有可能是来自附近的岩石，但也有可能是沿着水道被运输了一段距离。它们具有与母体岩石相似的属性，但有一个优势，即只需少量研磨或无需研磨。

下层土

下层土位于有机质含量高的表层土壤之下，它可以由任何岩石类型组成。具体的组成情况取决于地质和风化情况。

铁赭石顺着岩石流下，流入大海。
明格莱湾，外赫布里底群岛
摄影：米兰达・福雷斯特
（Miranda Forrest）

铁赭石

铁赭石是一种天然的含铁颜料，可能含有少量黏土或其他岩石颗粒，存在于岩石裂缝和缓慢移动的水道中。在这种状态下，它通常是具有流动性的，颜色种类从黄色到深红棕色不等，但最主要的特征是呈“铁锈色”。铁赭石数量惊人，经常被敏锐的步行者发现。

在世界上许多地方，泥炭被用作燃料，但通常不需要由此产生的灰烬。泥炭是苔草或苔藓的残余物，因此可以说泥炭来源于植物。我测试过来自藓类泥炭的灰烬，其结果是含铁量高，几乎没有明显的二氧化硅或助熔剂。我猜测这些铁来自于泥炭形成过程中充斥其中的流动的铁赭石。

水铁矿是水中铁赭石的沉积物，它会向下渗透并在遇到障碍物的地方沉淀下来。它可能非常硬，所以需要使用金属工具来收集，比如刀。最容易在暴露在空气中的地方找到它——例如受到侵蚀的海岸边缘。

金属化合物

建议向当地人打听，附近是否有铜或锰等金属矿石。有时在曾经是矿山的地方可能可以找到一些。烧制样品可以显示存在哪些氧化物。我在当地的片麻岩中发现了丰富的铁和钛。

来自植物的釉料

植物需要矿物质，它们是通过根部来吸收的。不同结构的植物需要不同的矿物质——一棵树和一株草的需求是不一样的。与岩石一样，对这些材料进行精确的分析并不是开发釉料的必要条件。如本节所述，必须将植物按照所含主要矿物进行分组。试烧可以呈现当地植物灰烬的烧成效果。

富含二氧化硅的植物

植物利用硅来增强茎部的强度，有些植物的灰烬中含有更高比例的硅。当烧制测试样品时，这一点很明显。如果一种植物灰烬的二氧化硅含量很高，那么它在烧到10号锥时仍然会保持粉末状。

二氧化硅含量高的植物通常长得很高。禾科（即禾本科）包括水稻、芦苇和供人类或动物食用的谷类作物，以及生长在院子里的草。常见的芦苇遍布热带和温带地区，常被用作茅草屋顶。大米被广泛种植供人类食用，特别是在亚洲。谷类作物在世界大部分地区作为食物被种植，包括小麦、燕麦和玉米等。种植这些植物是为了获得种子，丰收后，植物的其余部分便是一种副产品，可以用作釉料。

不同树木的木灰所含二氧化硅的含量不同。热带地区的二氧化硅含量通常高于温带地区。

氧化铝

在实验中，使用单一植物灰往往会生成未熔化的粉末或流动性很强的釉料。即使是混合的植物灰烬也不会产生平衡适用的釉。植物中的氧化铝含量似乎不足以控制流淌的釉料，因此通常需要加入岩石材料。

来自植物的助熔剂

早期的陶工用木柴烧制陶器时，可以发现飞扬的灰烬在他们的陶罐肩上留下了一层釉。这是怎么形成的？含有助熔剂（钙）的木灰与黏土里的二氧化硅和氧化铝结合，形成釉。高钙灰釉可以通过典型的“黏稠”或流淌的外观来识别。尽管这是一种已知的木灰效果，但许多植物灰烬会为天然釉料提供不同数量的助熔剂，而来自海洋植物群的植物灰烬含有特别多的钠盐和钾盐形式的助熔剂。

这使得要寻找的植物列表相当长。用草本植物进行实验往往比树木更容易，因为可以只少量收集和加工植物。请记住植物的不同种类或科属。树和草前面已经提到，另外还有一些无花植物，如蕨类、马尾草、苔藓和海藻。它们通过传播孢子进行繁殖，在世界各地都有。开花植物由许多科组成，都可以进行实验。例如芹菜科植物（原为伞形科），如欧芹或当归；鸢尾科；荨麻科，包括刺荨麻；蓼科植物，包括酸模和虎杖。各科植物在世界各地生长。可以从容易收集和加工的植物着手。如果在当地测试了一系列范围较广的植物品种，很可能会发现釉料的烧成结果与我的相同。

除了通俗名称外，下表还标明了植物的科名。这使它们能够在国际上得到识别。该表将帮助大家从当地植物中获得可用材料。树的种类太多了，无法一一列举。

科名（括号内为测试对象的通俗名称）	8号锥测试结果	点 评	分布区域
芹菜科，原为伞形科（野生当归）	干釉	混合效果好*，泛蓝色	北美洲/欧亚大陆
豆科（豆类植物）	熔化	可混合使用*	全球
姬蕨科（欧洲蕨）	熔化	混合后效果更好*	全球
禾本科，原为稻科植物类（谷物秸秆）	浅色干釉	分层或混合使用效果极好*	全球
禾本科，原为稻科植物类（普通芦苇）	仍是粉末状	需添加助熔剂	热带和温带
蓼科，荞麦属（酸模，阔叶）	浅棕，可熔化	混合效果好*，泛蓝色	温带
蹄盖蕨科（蹄盖蕨）	熔化	无色	全球
禾本科（禾草）	仍是粉末状	需添加助熔剂	全球
木贼科（马尾草）	熔化	分层或混合使用效果极好*	北美洲/欧亚大陆
鸢尾科（黄菖蒲）	熔化、流釉	分层或混合使用效果极好*	北美洲/欧亚大陆
蓼科（日本虎杖）	熔化、流釉	分层或混合使用效果极好*	温带
荨麻科（荨麻）	熔化	分层或混合使用效果很好*，呈绿色	欧亚大陆/北美洲
香蒲科（香蒲）	熔化	有成功的希望（仅小样本测试）	北温带
灯心草科（灯心草）	干	仅小样本测试	温带
海带科（海藻、海带）	亮面、裂纹、“玻璃状”	有效助熔	全球
鹿角菜科（海藻、海草）	已尝试多种，均熔化	混合效果好*，强力助熔	全球
菊科（蓟）	干	混合效果好*	全球
柳叶菜科（柳草）	熔化	有成功的希望（仅小样本测试）	温带
木（混合灰烬）	熔化、流釉	分层或混合使用效果极好*	全球

*：与其他材料混合

海洋植物：助熔剂的来源

世界上许多地方的海洋中都有大片的海带“森林”。单株植株高度超过一米，茎秆粗壮，顶部有带状的叶状体。暴风雨会把大量破碎的叶柄冲到海滩上。海藻植物和海带有明显的不同——相比之下，海藻叶柄要小得多，而“叶子”在植株中所占比例要大得多。这个家族包括墨角藻（褐藻类），通常附着在高潮线和低潮线之间的岩石上。

实验结束后，测试对象中所有的海藻都熔化了，表明它们含有助熔剂，可能以钾盐或钠盐的形式存在。虽然在实验中已经确认并继续使用海带和海藻，但我也发现其他未确认的海藻也得出了类似的结果，所以任何方便找到的海藻都可用来测试。

左上图：这种马尾草可长至约30 cm高。它属于木贼科，生长于美洲、欧洲和亚洲

左下图：普通芦苇，禾本科（原为稻科植物类）

右下图：在我的花园中生长着两种提供釉料的植物：开花的野生当归和黄菖蒲叶
摄影：米兰达·福雷斯特（Miranda Forrest）

生长在长石/石英卵石上的墨角藻（褐藻类），周围是深色的富含铁的岩石
摄影：米兰达·福雷斯特（Miranda Forrest）

来自动物的釉料

蛋壳、贝壳、珊瑚和骨骼是钙的来源，可以用作助熔剂。一种更常用的含钙助熔剂是白垩，在陶瓷中称为白粉，富含碳酸钙。这种软岩是由数千年来在大型水体底部沉积的无脊椎动物遗骸组成的。这些遗骸随后被压缩成巨大的薄片。如果它们发生变质，就会变成坚硬的岩石，也被称为大理石。白垩岩中通常嵌有结核状燧石。

白垩在原始状态下看起来与高岭土相似：两者都是相当大尺寸的乳白色沉积物。然而，白垩缺乏高岭土所特有的黏性和可塑性。一些白垩矿床中可能含有不同数量的铁。

石膏

石膏，在许多地方都有开采，是硫酸钙的俗称，用于制作熟石膏。岩石状的石膏也被称为雪花石膏。它作为釉料是不适合的。如果在陶瓷坯料中加入少量的“石膏”，它会在烧制过程中“爆炸”，并留下一个坑。

刚烧焦的黄菖蒲叶。这种植物产生的灰烬很容易筛分
摄影：米兰达·福雷斯特（Miranda Forrest）

第三章

准备工作

处理岩石材料

设备

开始尝试天然釉料实验时，明智的做法是先取用少量材料，避免浪费时间处理大量材料。除了普通的陶瓷工作室所拥有的设备之外，几乎不需要额外的设备。随着工作的开展，材料的需求量越来越大，此时选用罐磨机或球磨机将使加工变得更容易、更快。球磨机是一种缓慢旋转以将材料颗粒研磨成较小尺寸的机器。为了辅助研磨，球磨机里面包含不同尺寸的瓷球、水和待研磨的材料。任何可以在研钵中用杵磨成粉末的材料都可以在球磨机中很好地研磨，但这种设备不能粉碎坚硬的岩石。

处理硬质岩石

我将任何天然状态下难以用研钵手工研磨的岩石或卵石归类为“硬质岩石”。这

用于筛分和研磨的设备。罐子很有用，还需要带盖的塑料容器。硅胶刮刀适用于从桶底刮取材料
摄影：米兰达·福雷斯特（Miranda Forrest）

左图：窑中未烧制的岩石（在拍摄完这张照片后烧之前又添加了一些贝壳）

右图：烧制后岩石基本处于相同的位置。这张照片显示了岩石的颜色变化和破碎的情况
摄影：米兰达·福雷斯特（Miranda Forrest）

些石头可能可以用锤子打碎，但不会被磨成粉。长石、石英和大多数花岗岩都属于这一类。

然而，如果将它们加热到红热状态几个小时，冷却后就可以打碎并研磨。我建议在加热岩石时要小心。有些岩石和卵石受热会爆炸。当温度升高时，燧石卵石（石英）容易突然碎裂。一位艺术家告诉我，他曾因岩石在加热时爆炸而毁了一座窑炉！

我没有做过大规模的实验，但我在素烧时将小石块放入窑的底层，这些石块都不超过6 cm。有些石头会随着温度的升高而破碎，因此，为了保护窑炉和窑内陶瓷器不受损坏，可以用软质耐火砖将石块隔开。耐火砖下面是一个旧的窑炉堋板，上面盖着另一个旧的堋板。窑炉还有一个烟囱，可以带走可能产生的废气。素烧在高温计上的烧成温度达到1 000℃，但在窑底层的温度可能较低。迈克尔·卡迪（Michael Cardew）尤在他的《先锋陶器（Pioneer Pottery）》一书中建议，岩石的加热温度不要超过950℃，尽管他没有解释原因。

如果要烧制多个岩石样本，建议对烧制前后的岩石情况进行对照参考。烧制前后的照片比对会有所帮助，因为一些岩石的颜色会发生惊人的变化。

处理岩石碎屑或岩石粉尘

筛分

假设岩石碎屑或岩石粉尘中的颗粒足够细，可以通过至少60目的筛子，即可测试一小部分样品，以确定是否继续筛分出更多的样品。用足量的水过筛，将小颗粒与不需要的大颗粒分离。

要处理大量粉尘或碎屑，需要将其收集在标准的15 L桶中并添加足量的水。在另一个装有10 L水的桶中，将一个家用筛网浸入其中，筛子内装有占其体积三分之一的岩石粉尘，随意搅拌。将未过筛的颗粒倒出，重复该步骤，直到获得所需的量。然后用更细的筛网重新筛分。在这个需要费力的阶段，用刷子可以帮助颗粒穿过筛子。将筛网置于水面下方，颗粒越细，就越容易黏附在素烧后的坯体表面。一般通过60目筛网筛分就足够了。

球磨机

如果你有球磨机，可以先取少量岩石颗粒实验，观察是否能在研钵中研磨。如果可以，那也能将剩下的岩石颗粒放入球磨机中研磨。是否需要提前筛分取决于样品的颗粒大小。

处理赭石和黏土

对铁赭石进行筛分一般不需要太多的水，只要能过滤掉杂质即可。在筛分之前，坚硬的铁可能需要轻微研磨。黏土需要彻底润湿或直接浸泡，以便在筛分之前变成泥浆。

罐磨机或球磨机
摄影：米兰达・福雷斯特
（Miranda Forrest）

处理湿沉积物

沉积物通常是不需要研磨的细颗粒。然而，它们有时会散发来自腐烂植被的刺鼻气味！如果发生这种情况，则应对样品进行筛分和干燥以备储存。不要将沉积物保存在温暖环境中的封闭容器中！

处理植物

收集、干燥和烧制

所有陆生和海生植被都需要烧成灰烬才能用来制作釉料。1 ～ 2 kg的植被就足以用于初步实验了。

任何时候都可以采集海藻。那些从锚上脱落并被冲到海滩上的海藻在新鲜的状态下更容易处理。采集陆生植物的季节似乎对最终结果影响不大，但对加工的难易程度有很大影响。植物茎干干枯后通常比新鲜翠绿时更容易收集和干燥。植物茎干通常在秋季和冬季变得干枯，但也会有例外。

植物在烧前需要进行彻底干燥。草坪上的草很难变得完全干燥，因为它们是在绿油油的时候被割下的，而且一堆草很容易被压实，需要经常翻动。不要添加任何

海带柄（茎）铺在木质支架上使气流畅通无阻。用这种方法干燥海带需要一段时间，具体时长取决于天气。完全干燥的海带会重新吸收水分。海藻相对来说比海带容易干燥
摄影：米兰达·福雷斯特（Miranda Forrest）

左图：用于燃烧少量材料的各种金属托盘和用于燃烧大量材料的旧洗衣机滚筒

右图：购买的火盆。如果将火盆和其他金属容器放在外面容易生锈，使用前需要用钢丝刷清洁，这样可以避免氧化铁的污染
摄影：米兰达·福雷斯特（Miranda Forrest）

容易燃烧的材料来“生火”，因为这会污染草木灰。对于最初难以点燃的植被，如海藻，可以使用便携式燃烧器的气体火焰。一旦点燃，干燥的植物无需进一步辅助操作就能燃烧。请注意，一些干燥的植物会燃烧得很猛烈。小心不要吸入烟雾。

在室外无污染的表面上燃烧材料，以便于收集冷却的灰烬。在无风的日子里，若材料仅有少量，可以在金属托盘上直接燃烧。

如果材料数量较大，可能需要使用火盆。带底座的金属容器都可以用来接住灰烬，容器大小需要足以容纳足够数量的材料来保持良好火势，并且侧面开孔以允许空气进入，这些是一个非常好用的火盆的必要条件。可以尝试在侧面打孔的金属桶或垃圾箱，我用的是回收的洗衣机滚筒，也可以使用盖子上有烟道的金属桶。需要考虑风向和风力，因为燃烧时细小的灰烬颗粒会被吹走，而这些正是需要收集的！

灰烬

让灰烬冷却后再搅动它们。许多植物产生的灰烬非常细，很容易被吹走。放在室外冷却的灰烬在没有保护的情况下，会在微风中消失或被雨水冲走。火盆可以防风，炉顶上的金属板可以保护炉植物灰烬不受降雨的影响。

灰烬不是一种无害物质，湿灰烬对皮肤有腐蚀性。因此在处理灰烬时，无论是湿的还是干的，都要戴上防水手套。干灰烬在空气中传播时容易被吸入，因此在搅动干灰烬时，务必佩戴口罩。

在这一阶段，需要决定将植物灰烬以潮湿还是干燥的形式保存，以及是否要清洗。我使用的是潮湿状态下的灰烬，因为它们更易于使用。清洗它们的原因之一是灰烬中的高浓度盐会被坯体吸收，在烧制过程中造成损坏。我发现这是海生植被灰烬的一个特殊特性。然而，洗掉其中的水溶性盐也意味着失去了很多灰烬的助溶性。所以，在进行批量操作前，我会用未清洗过的灰烬做测试，只有在测试结果出现问题的时候才会清洗。到目前为止，我还没有发现清洗陆生植被的灰烬的必要性，尽管许多人在使用草木灰前总是清洗它。如果未清洗，釉料的解凝也可能是一个问题。总而言之，是否清洗完全是个人偏好。

处理未清洗但潮湿的陆生植被灰烬

如果打算保留盐分，则需要注意尽可能少用水。对于未经清洗和润湿的灰烬，请在冷却后小心地将它们直接舀入少量水中。所需的水量很难被准确估量，从灰烬的体积来看，它比想象中的要少！从少量水（大约是灰烬体积的六分之一）开始，根据需要继续添加。用刮刀轻轻地将灰烬拨入水中，打破灰的结构，判断所需的水量。本阶段的目标是润湿灰烬，而不是完全湿透。

下一步是将灰烬放入家用筛子中。重复循环使用过筛的液体以控制用水量。液体达到稀奶油的稠度时，灰烬颗粒悬浮，能够浇在或刷在素烧后的坯体表面上。

对于第一次试烧，大多数陆生植被灰烬只需通过家用筛子进行筛分即可。60目或100目的筛子会筛出更细的颗粒，球磨一小时左右也可以。

处理灰烬以实现精确的干式称重

如果一个干净的陆生植被样本被充分燃烧，它将产生可以精确称重的纯灰烬，应该储存在一个密闭容器中以备日后使用。如果灰烬中有杂质（草木灰经常出现这种情况）将影响准确称重。除非能找到一种计算杂质重量的方法，否则需要将其筛出。干筛往往会使灰烬在空气中飘散，而湿筛则需要在之后通过蒸发进行干燥以保留水溶性盐。

处理海生植被灰烬

海生植被灰烬具有很强的腐蚀性。灰可能需要研磨才能通过筛子。当使用杵和研钵时，可将灰烬弄湿，但不要太湿，容易溅出来。在球磨机里研磨一个小时左右就可以轻松过筛。研磨后应进行必要的清洗。

使用家用筛子对芦苇灰进行筛分
摄影：米兰达·福雷斯特（Miranda Forrest）

清洗灰烬

清洗灰烬时，请加入大量的水，充分搅拌让颗粒沉淀，再倒掉多余的水。可自行选择是否清洗两遍，但通常都会这样做。用越多的水过筛灰烬就越容易，因此，可将此阶段与清洗相结合。如果要干燥清洗过的灰烬，可以放入专用的多孔素烧碗中来加快该过程。

处理来自动物的材料

蛋壳、贝壳和骨骼都能提供含钙助熔剂，提前焙烧会使研磨更容易。钙在高温加热后会变成生石灰（氧化钙），对皮肤具有腐蚀性。向生石灰中加水，据说水沸腾时会噼啪作响，但在使用贝壳时没有发现这种现象。贝壳在素烧后很容易磨碎。

白垩

白垩形式的碳酸钙在研磨前不需要加热并且不像氧化钙那样具有腐蚀性。虽然它是远古无脊椎动物的遗骸，但已经变成了软岩。使用少量水进行润滑便很容易用杵和研钵粉碎和研磨。

大理石是由白垩形成的坚硬岩石。它可能需要以与其他硬质岩石相同的方式进行处理，但还没有实验过。如果加热，它很可能变成氧化钙，对皮肤有腐蚀性。

第四章

来自岩石的釉料

釉料通常涉及多种不同的材料，大多是石粉和植物灰的组合。本章主要介绍来自岩石样品中的材料。

含铁丰富的釉料

分解后的岩石或含铁量高的石粉可以单独使用或与其他材料结合，成为像天目釉这样丰富的深色釉料的理想基础。我将所有烧成深色或浓郁的棕色釉料都归类为天目釉，它们可以在氧化或还原气氛中烧成。

我经常使用两种基础釉料。将这两种釉料作为案例可以让大家了解从富含铁的岩石中能够得到什么。从最初的实验中，我发现了许多可以继续探索的结果，但最终选择了最容易获得和处理的结果。

案例1：富含铁的岩石釉

刘易斯片麻岩是在外赫布里底群岛发现的主要岩石群。虽然它是带状白色的，但在烧制时会产生一种富含铁的釉。这种岩石是外赫布里底群岛特有的，但在全球范围内也可以找到其他富含铁的岩石。单独烧制至8号锥时，片麻岩粉呈哑光至闪亮的棕色，但与植物灰烬混合时，会形成颜色浓郁的棕色天目釉。分别添加以下五种植物灰烬可制成五种截然不同的天目釉：谷物秸秆、马尾草、荨麻、浮木和海藻。

岩石中很显然含有二氧化硅和氧化铝，因为它在烧至8号锥到10号锥时形成了相当稳定的釉面。釉面较厚的地方呈蓝色，与这些灰烬有关，可能来自钛。片麻岩粉既可以与植物灰烬混合，也可以分层叠加。

案例2：角闪石岩石釉

角闪石的岩石碎块以各种形式形成了我所居住区域的下层土。角闪石是一种由二氧化硅、氧化铝、钙、云母和铁组成的矿物。这种云母含有镁和钙，是其所形成的釉料中助熔剂的来源。烧制后的釉面呈现特有的“黄油般的”表面纹理，这与这些助熔剂相关。

当第一次来到黏土矿床时，我发现尽管它可被视为一种高滑石含量的陶土，但几乎没有可塑性，无法用来制作坯体。它可以用来制造瓷砖和砖块，就像刘易斯岛上曾经生产的以硬度著称的砖块。这些遍布赫布里底群岛的沉积物，历史上多被用

上页图：米兰达·福雷斯特（Miranda Forrest）
《小酒杯》，2007年
瓷器上有泥炭灰的滑纹装饰。从泥炭灰烬中提取的铁赭石被用来制作这种青瓷。还原焰烧到9号锥，作品尺寸：5.5 cm × 6.5 cm
摄影：米兰达·福雷斯特（Miranda Forrest）

这堆碎石是刘易斯片麻岩，将它们磨成灰绿色的粉末后用于案例1。其间生长的是带有孢子的马尾“花”。图中所示的小酒杯所用的釉料正是由这些石头和植物混合制成
摄影：米兰达·福雷斯特（Miranda Forrest）

在海滩上挖掘角闪石碎块
摄影：格雷厄姆·查尔斯沃思（Graham Charlesworth）

米兰达·福雷斯特（Miranda Forrest）
《三个陶瓷小酒杯》，2010年
左起：湿法混合1份片麻岩粉和1份马尾草；湿法混合2份片麻岩粉和1份浮木灰；以及湿法混合1份片麻岩粉、1份铁赭石、1份马尾草。全部还原焰烧至9号锥，作品尺寸：6 cm×7 cm。同样的釉料在炻器上，尤其是添加浮木灰的案例（中间），在相同温度下，釉面较暗，流动性较小
摄影：米兰达·福雷斯特（Miranda Forrest）

来衬砌壁炉的背面。诸如此类关于本地材料的当地信息总是值得研究，许多类似黏土的沉积物作为黏土没什么用处，但却可以作为釉料或与釉料结合在一起使用。

在最佳状态下，这种角闪石会制成一种棕色或黑色的釉料，细云母颗粒在光照下会闪闪发亮，当氧化焰烧制到8号锥时，边缘会变为浅棕色。这种釉料不需要添加任何东西，易于使用。将它涂在陶器坯体上可以产生我从未见过的流釉现象，这种现象在瓷器上偶有发生。然而外赫布里底群岛上的角闪石矿床会产生不一样的釉料，即使从同一地点挖掘也会有差异。有些批次的原料处理后可能会产生一种带有强烈金属光泽的棕色釉料，不太理想，需要还原焰烧到10号锥才能成为有特色的釉料。这提醒我们，在丢弃样品之前，应该在氧化气氛、还原气氛和不同温度下充分测试。

长石和花岗岩釉

长石和花岗岩石粉需要烧制以了解其熔化情况，因为它们并不总是符合预期。一些长石在素烧时颜色会变得很暗，但随后会产生不含铁的釉面效果。在你最常选用的温度下，有的岩石会熔化或接近熔化，形成透明或不透明的釉，这为作品的最终效果提供了许多可能性。它可以单独使用或与赭石一起使用，也可以添加到其他釉料中以提高稳定性，除此以外，还可以与草木灰一起使用，以获得不同的结果。

沙子釉料

沙子是一种变化多端的材料，需要对它进行烧制才能了解它的属性。可以这么理解，除非里面有贝壳碎片，否则它实际上是一种岩石。我住所当地的沙子大部分是由硅石颗粒、贝壳碎片和富含铁的岩石颗粒组成的。它在单独烧至6号锥时熔融，形成不同深浅的棕色。

泥釉

黏土可以说是最容易加工和制作釉料的岩石衍生物之一。加热后，它通常会自行熔化，但如果不熔化，则可以添加灰来助熔。一般来说，含铁黏土在不添加助熔剂的情况下也容易熔化，但没有明确的规律。如果在1 000℃下可烧成红色或棕色，而不是浅色，那么这种黏土就含有铁。如果烧出来是浅色，那么可以灵活添加不同的植物灰烬进行实验。黏土和灰的组合可能是最常见的入门实验。

铁赭石

无论什么形式的天然铁赭石都是用途非常广泛的材料。天然铁赭石的使用方式与购买的氧化铁大致相同，只是呈色可能较弱，因此需要进行测试来衡量颜色的浓淡。在釉料中加入少量的铁赭石，在氧化烧制时呈蜂蜜色，在还原烧制时呈青瓷绿色。在釉料中添加大量的铁赭石可以制成天目釉。赭石刷在植物灰上层或下层会产生别有特色的效果。

米兰达·福雷斯特（Miranda Forrest）
《炻器餐盘》，2010年
角闪石釉，浸釉，带有马尾草灰装饰，还原焰烧至10号锥，作品尺寸：6 cm × 27 cm
摄影：米兰达·福雷斯特（Miranda Forrest）

这两个岩石灰烬测试样品在烧到9号锥时都会熔化。它们的左侧都有分层的马尾灰。左边盘子上有一块深色的岩石碎块，在为研磨而加热之前，它看起来像粉红色的长石。左图的马尾灰似乎不相容，因为没有熔化。右图为第20页照片中“黄色岩石”（左四）的测试结果
摄影：米兰达·福雷斯特（Miranda Forrest）

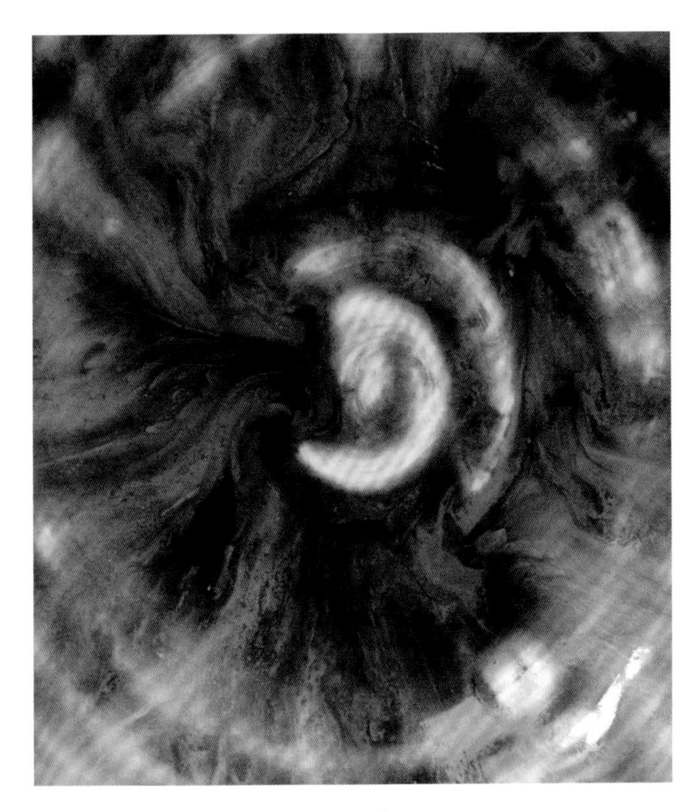

米兰达·福雷斯特（Miranda Forrest）
《瓷碗》（细节），2010年
分层刷上片麻岩粉、谷物秸秆灰和海带灰。此细节图显示釉中可能含钛，呈蓝或绿色。还原焰烧到9号锥
摄影：米兰达·福雷斯特（Miranda Forrest）

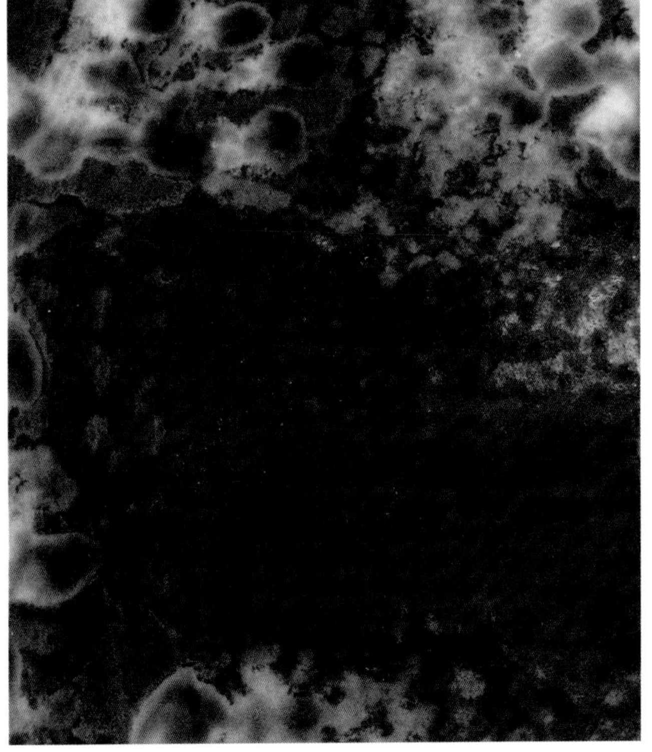

米兰达·福雷斯特（Miranda Forrest）
《碗》（细节），2010年
炻器。这个细节图为碗的外部，首先刷上赭石，然后在上面刷上黄菖蒲灰
摄影：米兰达·福雷斯特（Miranda Forrest）

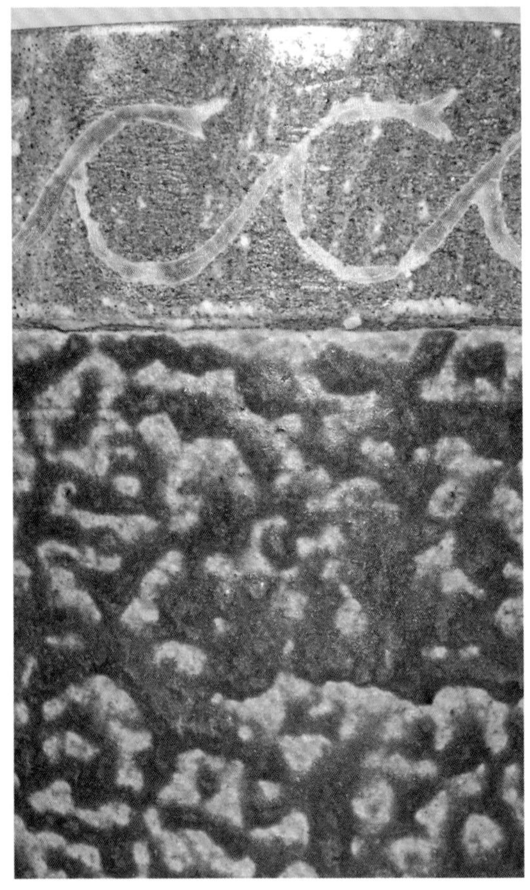

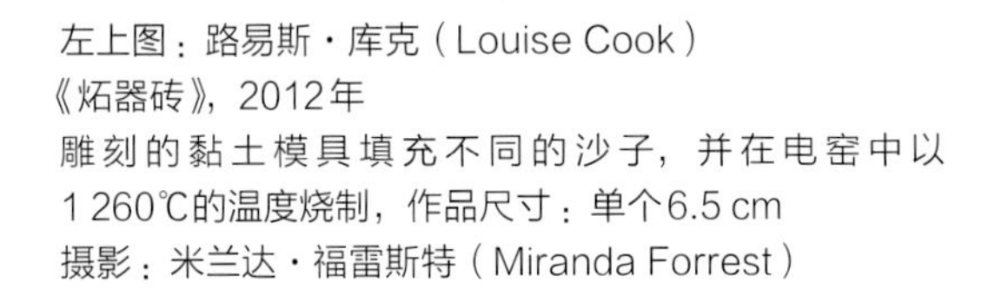

左上图：路易斯·库克（Louise Cook）
《炻器砖》，2012年
雕刻的黏土模具填充不同的沙子，并在电窑中以1 260℃的温度烧制，作品尺寸：单个6.5 cm
摄影：米兰达·福雷斯特（Miranda Forrest）

芭芭拉·阿塔德·佩特特（Barbara Attard Pettett）
《花盆》（细节），2008年
居住在马耳他的芭芭拉描述了这只花盆的制作过程：用过筛的戈佐岛当地黏土制成的泥釉涂在浅黄色的陶器坯体上，烧至1 260℃。边缘刻有马耳他式图案（灵感来源于马耳他塔尔西安新石器时代庙宇中的雕刻），先刷上戈佐岛黏土泥釉，再刮掉以显示图案
摄影：米兰达·福雷斯特（Miranda Forrest）

左下图：菲奥娜·伯恩·萨顿（Fiona Byrne-Sutton）
用克拉克曼南郡（Clackmannanshire）的冰川巨石黏土进行试验，2012年
图左：未烧；图中：烧至1 160℃；图右：烧至1 260℃，沼泽铁已熔化
摄影：艾米·科普曼（Amy Copeman）

米兰达·福雷斯特（Miranda Forrest）
《碗》，2010年
瓷器，还原焰烧至8号锥。这个碗是用芭芭拉·阿塔德·佩特特给戈佐岛（Gozo）黏土样品上釉的。釉料是多层的，先将黏土泥浆刷在素烧后的坯体上，然后在上面覆盖一层南尤伊斯特荨麻灰。作品尺寸：10 cm × 21 cm
摄影：米兰达·福雷斯特（Miranda Forrest）

第五章

来自植物和动物的釉料

来自草木灰的釉

本章根据植物的主要成分对其进行分类。第一部分主要以植物为案例介绍陆生植物，另外有一些案例使用混合木灰；第二部分介绍的是海生植物。

陆生植物

富含二氧化硅的草木灰

稻壳灰是一种著名的富含二氧化硅的植物材料，用于传统的钧釉，在堆积较厚的地方呈光学蓝色。这种蓝色是由光线通过釉面的散射造成的。曾经有人认为它是由悬浮在釉料中的未熔化的二氧化硅颗粒反射出来的，但现在认为是来自少量的磷——一种玻璃制造辅助材料。为了实现光学效果，草木灰中多种不同含量的磷可能与高含量的二氧化硅一样必要，甚至更为必要。

禾本科（禾科，以前是稻科植物类），包括谷物

由于不住在盛产水稻的亚洲，所以我需要在当地寻找同一科属中的植物，看看是否能制作出钧釉。我发现了芦苇、麦秆和草很适合选作研究，这三者在全球都有广泛的分布。

上页图：米兰达·福雷斯特（Miranda Forrest）
《花瓶》，2009年
炻器，分层浇釉：第一层麦秸灰，第二层海带灰。还原焰烧到9号锥，作品尺寸：13 cm × 11 cm

右图：在外赫布里底群岛，谷类作物通常以传统方式切割并捆扎。我还保存了一些作为青贮饲料，这似乎对釉料的效果没有影响
摄影：米兰达·福雷斯特（Miranda Forrest）

米兰达·福雷斯特（Miranda Forrest）
《带把手的炻器餐盘》，2009年
左：在片麻岩灰上叠加谷类秸秆灰，形成深色的天目釉，边缘较浅。右：只浇谷物秸秆灰釉；谷物秸秆灰单独使用时会形成干釉。氧化焰烧至8号锥，作品尺寸：10 cm × 20 cm
摄影：米兰达·福雷斯特（Miranda Forrest）

试烧时，芦苇和草在烧到8号锥时仍是粉末状，而谷物秸秆已呈现干燥釉面。这确实表明它们的二氧化硅含量可能很高。

芦苇和草灰需要添加强效助熔剂才能熔化，如海藻或木灰中就含有此类物质。必须将助熔剂在釉料里混合，而不是分层使用，否则烧成结果将是斑驳的。芦苇烧出的颜色多为蓝色——在釉料堆集的地方呈淡蓝色。添加长石作为稳定剂，则作品上会有更大面积呈现淡蓝色或绿色。

在外赫布里底群岛，谷物种植在沿岸沙质低地上——这是紧邻沿海沙丘内陆的一块低洼地带，富含贝壳沙（钙）。我猜测这种生长环境谷物秸秆灰的熔点会受到影响，当生长在富含钙的土壤上，谷物含钙助熔剂的含量将会增高。其他地区的谷物秸秆可能具有更高的熔点，像芦苇一样。

马尾（木贼科）——发现于美洲、欧洲和亚洲

我测试了马尾草，这是一种不同寻常的植物，以二氧化硅含量高而著称。作为植物学中无花植物的一员，它是一种古老的植物，在很长一段时间内几乎没有进化。它生长在潮湿、未开垦或废弃的土地上。根系发达，分布广而深。

第一次单独使用马尾灰的试验就产生了一种可熔融的奶油状绿色釉料，中间呈现光学蓝色，这可能是迄今为止最有趣的单一陆生植被测试结果。它还可以与其他灰烬和岩石粉很好地混合。与马尾草有关的另一个有趣的效果是在烧制过程中对碳的捕获，这使得釉面在某些地方呈现出一种烟熏的颜色。

这两件作品很有趣，因为它们只使用了三种制釉材料。

前：米兰达·福雷斯特（Miranda Forrest）
《碗》，2011年
炻器，浇釉法施釉，釉料中湿法混合了1份片麻岩粉和1份马尾灰。还原焰烧至9号锥。作品尺寸：7 cm × 15 cm

后：米兰达·福雷斯特（Miranda Forrest）
《大盘》，2010年
瓷器，分层浇釉：第一层片麻岩粉，第二层谷物秸秆灰，第三层马尾灰。这种釉料的分层给烧制后的效果带来了一种朦胧的深度美，这与使用混合釉料的结果大不相同（参见第46页顶部的黄色碗）。盘心呈蓝色可能与石粉含钛有关。还原焰烧至10号锥。作品尺寸：4 cm × 33 cm
摄影：米兰达·福雷斯特（Miranda Forrest）

带有助熔剂的草木灰

许多植物含有少量的磷和铁，其含量足以影响釉料。富含助熔剂的草木灰会产生一种黏稠的效果，这是釉料熔融时顺着坯体表面流动的结果。这表明釉料配比不平衡，助熔剂含量过高，尽管确实产生了有趣的表面纹理。如果釉料流动性太强，可添加一些氧化铝使其稳定。木灰是制作这种釉料的传统材料，但我发现鸢尾科（黄菖蒲）和蓼科（日本虎杖）植物也会产生这种效果。

许多草木灰含有助熔剂和铁，其含量足以影响釉料。荨麻灰最显著的特点是因为含铁，釉面呈绿色。

上页上图：米兰达・福雷斯特（Miranda Forrest）
《瓷碗》，2011年
这种黄色釉料的成分与第45页上的盘子相同。但是混合后施釉，不是分层施釉。湿法混合1份片麻岩粉、1份麦秸灰和1份马尾灰后浇釉法施釉。还原焰烧至9号锥，作品尺寸：8 cm × 13 cm

上页下图：米兰达・福雷斯特（Miranda Forrest）
《碗》，2009年
炻器，分层浇釉：第一层片麻岩粉，第二层黄菖蒲灰。还原焰烧至8号锥，作品尺寸：7 cm × 19 cm

右上图：米兰达・福雷斯特（Miranda Forrest）
《碗》（细节），2010年
瓷器，分层刷釉：第一层蓟灰，第二层马尾草灰。还原焰烧至8号锥

左图：米兰达・福雷斯特（Miranda Forrest）
《茶碗》，2010年
炻器，芦苇和海带灰釉在堆积较厚的地方呈现淡蓝色。这种釉料的比例之前并没有被准确记录过，后被木灰和芦苇灰取代，是一种较稳定的釉料。还原焰烧至10号锥，作品尺寸：8 cm × 9 cm

右下图：米兰达・福雷斯特（Miranda Forrest）
《花瓶》，2011年
炻器，湿法混合1份苏塞克斯本地黏土和1份日本虎杖灰烬，刷釉法上釉。还原焰烧至8号锥，作品尺寸：6 cm × 6.5 cm
摄影：米兰达・福雷斯特（Miranda Forrest）

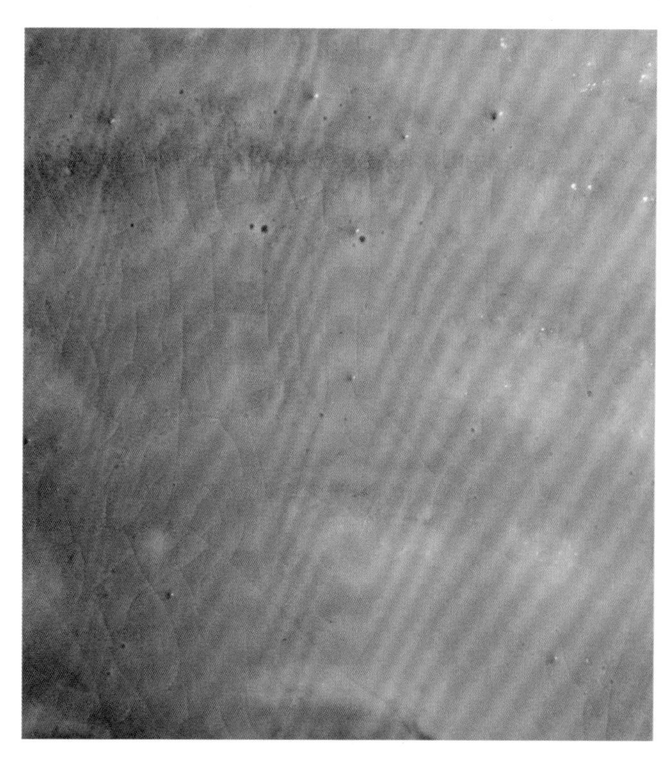

米兰达·福雷斯特（Miranda Forrest）
《碗》，2010年
瓷器，分层施釉：第一层荨麻灰，第二层片麻岩灰。还原焰烧至9号锥，作品尺寸：10 cm × 21 cm
摄影：米兰达·福雷斯特（Miranda Forrest）

富含助熔剂的海生植被灰

海带

过去，人们收集海藻用于玻璃和陶瓷工业。而我在所有海带海藻实验中使用的品种为昆布。

很明显，海藻灰中含有大量水溶性盐以至于吸收进坯体中的水会影响另一侧的釉面。在极端情况下，会使整个结构“起泡”并变形。

将釉浆浇在素烧过的碗内壁然后外壁，盐从两侧随水进入坯体，这可能会导致整个器物在400 ～ 600℃的升温过程中爆炸。这种情况似乎会发生在用精细黏土制作的薄胎碗上。到目前为止，我还没有见过更坚固的炻器坯体出现这种问题。

由于这种灰烬中水溶性盐的含量很高，因此有必要进行清洗。经过各种实验，我现在使用未经清洗的海带灰，取少量加入釉料中，并仅在器壁一侧施薄釉。应该注意的是，如果使用大量海藻灰，里面的盐分可能会污染窑炉内部。只要使用相对少量的海藻灰，到目前为止我还没有遇到问题。

海带灰釉会自由流动并产生有趣的蓝色、绿色或黄色色调，并在其汇集处产生裂纹效果。

右图：米兰达·福雷斯特（Miranda Forrest）
《碗》，2008年
炻器，分层施釉：第一层片麻岩灰，第二层谷物秸秆灰，第三层海带灰。还原焰烧至9号锥，作品尺寸：7 cm × 20 cm
这是我第一次用海带灰釉烧制大碗时的少数幸存作品之一。它之所以幸存下来，是因为我仅在一侧上了海带灰釉。在一些地方可以看到海带灰造成的陨石坑效应。

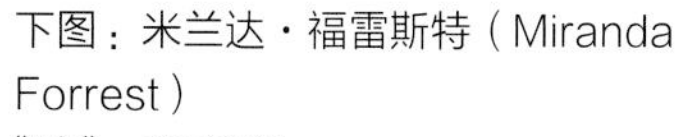

下图：米兰达·福雷斯特（Miranda Forrest）
《碗》，2009年
精细的白色炻器，拉坯制成，因海带灰釉中的可溶性盐渗入坯体导致“炸开”。还原焰烧至10号锥，作品尺寸：10 cm × 25 cm
摄影：米兰达·福雷斯特（Miranda Forrest）

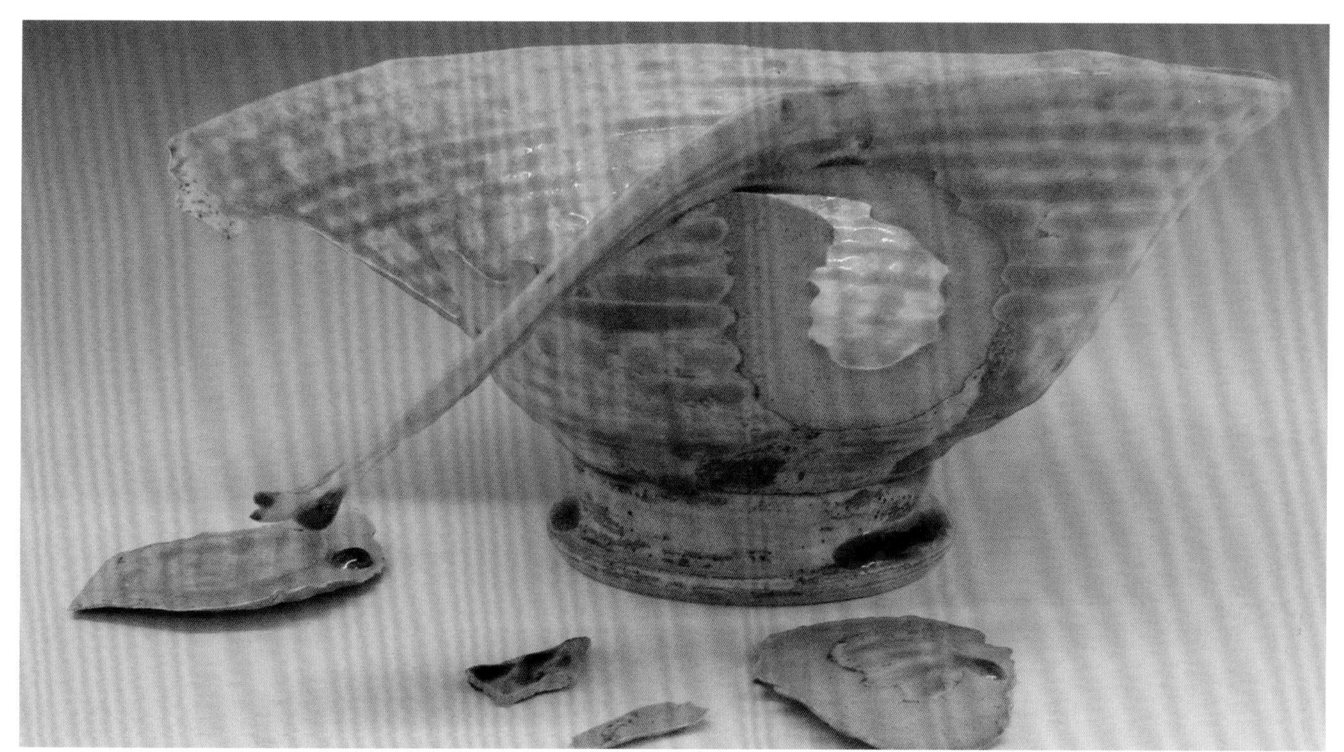

海草和其他海藻

大多数海草都可以制成釉料，但对不同种类海草的研究结果都非常相似，因此没有必要分开讨论：海草灰釉在氧化气氛下呈浅奶油色，在还原气氛下呈绿色。

它们是钾和钠溶剂的强大来源。例如，9份片麻岩灰仅需与1份海草灰湿法混合便可制成釉料。和海带一样，海草含有水溶性盐，因此也会遇到同样的问题，但海草的使用似乎不那么麻烦。

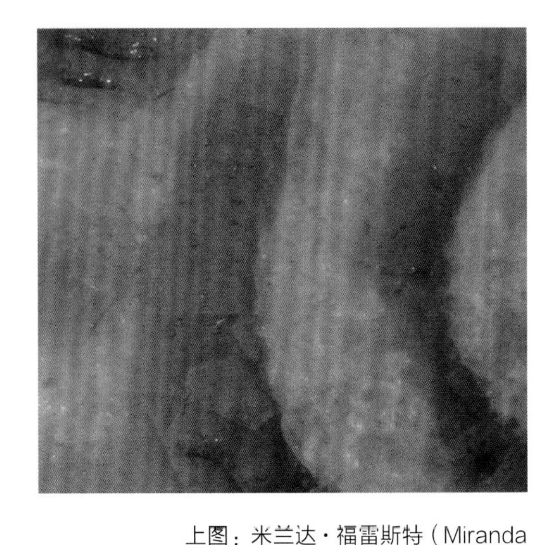

上图：米兰达·福雷斯特（Miranda Forrest）
《碗》（细节），2010年
瓷器，浇釉法施釉，用9份荨麻灰釉和1份海藻灰釉湿法混合。在堆釉处呈现出闪闪发光的浓绿色。还原焰烧至8号锥

来自动物的釉料

贝壳是我可以在当地收集到的唯一不含铁的助熔剂来源（我所有的草木灰釉实验结果都显示里面含有一些铁）。贝壳与等量的长石混合在一起可以在瓷器上形成白色的裂纹釉。

在我所在的地方没有白垩，但在片麻岩粉上叠加白垩粉产生的效果与使用一些草木灰相似。白垩也可以是不含铁的助熔剂来源。

左图：米兰达·福雷斯特（Miranda Forrest）
《花瓶》，2011年
瓷器，釉料为1份钾长石（外购），1份贝壳粉和1份荨麻灰湿法混合制成。还原焰烧至9号锥，作品尺寸：4.5 cm × 7 cm

下页图：米兰达·福雷斯特（Miranda Forrest）
《景观雕塑》，2009年
这件作品是用白色熟料炻器黏土拉坯制成的。分层浇釉：第一层谷物秸秆灰釉，第二层海带灰釉。还原焰烧至10号锥，作品尺寸：90 cm × 24 cm
摄影：米兰达·福雷斯特（Miranda Forrest）

第六章

配制釉料

测试方法

这些是开发个人专属釉料的指导方针。如果想从大规模的实验开始，可以查找所在地区有哪些釉料可用，然后从批量测试开始。如果希望从较少材料开始，那么可以进行“五种材料测试法”。显然，这些测试可以根据自己的工作方法进行调整。

多种单一材料的批量测试

将大多数样品作为单一材料进行测试，并将其烧制到8～10号锥（约1 260～1 300℃），这是我的正常生产温度范围。我制作了直径约5 cm的测试碟，边缘可以防止釉料流到窑内的堋板上。

上页图：米兰达·福雷斯特（Miranda Forrest）
《高足碗》，2011年
瓷器，釉料为1份“8号锥”的基础釉、1份马尾灰和1份蓟灰湿法混合。还原焰烧至9号锥，作品尺寸：9.5 cm × 15 cm

右图：一组10 cm的测试碗
摄影：米兰达·福雷斯特（Miranda Forrest）

一批未烧制的试片
摄影：米兰达·福雷斯特（Miranda Forrest）

烧成后，我给所有的试片贴上标签。在对创作作品有了更丰富的理解后，可以重新审视最初被丢弃的样品，找到更多可能性。记录所有信息是很重要的，因为记忆容易出错。我倾向于分批工作，在绿色（未烧制）阶段在潮湿的黏土上划出编号。这些编号用作参考，以便在施釉时可将详细信息记录在笔记本中。烧成后，用永久性记号笔将信息记录到未上釉的底部。或者，在上釉时使用氧化铁将此信息写在底部。制定一个适合自己的方法并坚持下去。

当进行一批不同的试片测试时，烧成结果将显示有关试片是否保持不变、熔化或完全消失，而颜色将表明可能存在哪些氧化物。对于那些熔化的试片，熔化的程度和类型也是有用的。在继续对特定试片进行实验之前，还要考虑它处理起来是否容易或费时。

我烧制了一系列的材料，而这是得到结果的唯一方法。我得到了很多富含铁的测试结果，从这些结果中，选择继续那些令人满意且容易处理的。出于后一个原因，我没有继续开发图示批次中的更多测试。

前页试片经过氧化焰烧至8号锥的测试结果。从左上角开始垂直列举：1. 沟赭石；2. 芦苇灰；3. 谷物秸秆灰；4. 红色橄榄石；5. 海滩沉积物；6. 鸢尾灰；7. 荨麻灰；8. 芦苇灰；9. 可能是某种黏土；10. 铁赭石；11. 绿色橄榄石；12. 路边沉积物；13. 威尔士板岩；14. 威尔士谷物秸秆；15. 威尔士沙；16. 分层叠加13、14和15；17. 路边橄榄石；18. 片麻岩粉（细）；19. 片岩；20. 白色软岩；21. 长石（A）；22. 长石（B）；23. 沼泽沉积物；24. 路堑铁矿；25. 路堑沉积物；26. 白石；27. 露出地面的岩石碎块；28. 片麻岩粉（粗）；29. 白云母；30. 黑云母

摄影：米兰达・福雷斯特（Miranda Forrest）

这两张照片显示了一批未烧制和烧制之后的试片（氧化焰烧至8号锥）。这是我做的第一批测试之一，目的是发现所在的地区有什么材料可以使用。我对所有的试片进行了编号，从左上角的1开始到右下角的30结束。如果你也进行大规模的批量测试，在同样温度下烧制（8号锥到10号锥），可能会得到类似的结果。根据这些结果，以下是对下一阶段实验的建议。

岩石资源

测试第二章所述的所有岩石资源，包括黏土。这些都可能含有二氧化硅和氧化铝，但助熔剂含量不同。如果从岩石中提取的样本显示出熔化的迹象，那么在下一次实验中，建议引入草木灰。将样本与同样有熔化迹象的草木灰，或者来自白垩或贝壳的白垩粉（钙）分层叠加或混合使用。像黏土这样的试片烧制后可能会相当乏味，而高岭土则呈暗白色，但它们仍然值得进一步实验。

我所使用的容易加工的岩石样品都富含铁。如第18号，即片麻岩粉。21号和22号都已熔化，这两种长石来自废弃的长石采石场。用锤子把这些长石样品敲碎进行测试。长石在没有预先加热的情况下很难磨碎。

植物资源

一般来说，烧制后仍为粉末状的草木灰含有大量的二氧化硅，需要强大的熔剂才能熔化它们。它们需要与其他材料混合而不是分层使用。将它们与手中最强熔剂混合。实验发现木灰是最好的，但是海带灰也可以。2号和8号样品均为芦苇灰。

如上所述，可以尝试将可熔化的草木灰与岩石样本一起使用。也可以试试其他灰、铁赭石和白垩。

本书中的许多釉料都参考了以下样品。3号样品是谷物秸秆灰，部分熔化，形成干燥纹理的哑光釉。6号是鸢尾花（黄菖蒲），7号是荨麻。这些都是有光泽的并显示出一些绿色。

动物资源

来自高钙动物源的试验样品不太可能熔化。白垩单独燃烧时形成一层易碎的薄片，但与岩石或植物材料结合时，它会表现为助熔剂。贝壳是我所有的助熔剂中唯一烧成后为白色的，因为我的助熔草木灰中似乎都含有一些铁。

第二阶段测试

如果想要尝试在更多的试片上通过不同材料的分层叠加或者混合来进行测试，就需要了解哪些方法是有效的。在两种灰的测试结果基础上再加上第三层的含铁样品，就可以获得更多信息。

处理完这些步骤之后，我会在直径约10 cm的小碗上尝试任何有趣的结果。釉料只涂在碗里面，以保护窑内堋板不受侵蚀。釉料在垂直和水平表面上的表现会有所不同，这取决于釉层的厚薄。这在10 cm测试碗的照片中得到了部分说明，其中釉料集中在碗的中心。我的第二阶段测试的碟子和小碗都是炻器，在还原或氧化气氛中烧到8号锥或10号锥。

五种材料测试：炻器

另一种测试方法是将第一阶段和第二阶段测试结合起来，但只使用少量样本，比如五个样本，将它们叠加在一起，尝试在一次试烧中得出结论。本次试验需烧至炻器温度，推荐还原焰，至于最终选用哪种取决于使用的窑炉类型。

这些照片展示了我为探索附近的不同岩石而进行的一系列测试。左侧为未烧制的岩石，其布局与右侧显示的烧制结果（还原焰烧至9号锥）相同。每个测试碟上都有一些单独烧制并研磨的岩石作为釉料浇在上面，然后在每个测试碟的左侧只覆盖一层马尾灰
摄影：米兰达・福雷斯特（Miranda Forrest）

选择两种降解岩石样品

首先选择一种富含铁的材料——铁赭石、底层土、富含铁的岩屑或黏土。如有可能的话，将样品通过60目筛子，并与水混合，直到溶液达到稀奶油的稠度。如果岩石样本是颗粒状的而不是粉末状，那么用勺子将其舀到测试碟上可能比刷上去更容易。

取一种不含铁的材料——尝试一种也许会烧成白色的岩石样品或沙子。以与富含铁的样品相同的方式来处理。

选择三种灰釉样品

建议尝试不同科的草木灰，如木灰、荨麻灰、日本虎杖或酸模灰、谷物秸秆或芦苇灰、蓟或琉璃苣灰。可以尝试任何在当地数量丰富、易于采集或只是出于个人兴趣的植物。每种草本材料需要收集大约1 kg，将其制成灰，按照说明进行筛分。最终釉料的稠度可参考淡奶油，所以请注意不要加太多的水。

五种样品的釉料测试表

15 含铁样品 不含铁的样品	←			
13 含铁样品 玉米灰	14 不含铁的样品 玉米灰	←		
10 含铁样品 荨麻灰	11 不含铁的样品 荨麻灰	12 玉米灰 荨麻灰	←	
6 含铁样品 木灰	7 不含铁的样品 木灰	8 玉米灰 木灰	9 荨麻灰 木灰	←
1 含铁样品	2 不含铁的样品	3 玉米灰	4 荨麻灰	5 木灰

注意：如果使用芦苇灰，最好是将其与其他材料混合后使用，而不是分层叠加。如果一定要分层，只能用在最底层。建议混合等量的材料，例如一茶匙或一份。

这个测试需要15个带边缘的测试碟（素烧后的），以防止釉料流到窑内堋板上。直径约5 cm的碟子可以在不需要太多釉料的情况下提供足够的信息。在素烧之前，应该对它们进行编号。

按照上面表格中的编号布置测试碟。第一行的每个碟上只有一个样品（数字编号1到5）。第2行到第5行的每个测试碟上都有两个样品。

从左侧编号1开始，刷上所选的含铁样品。编号1号、6号、10号、13号和15号，纵向排列，均刷上含铁样品。彻底清洗并干燥刷子，尤其是如果只使用一把刷子。下一纵列为不含铁的岩石或砂子样品，按照箭头方向编号为2号、7号、11号和14号。继续测试，确保已使用过的刷子在清洗并干燥后再蘸取下一个样本，以防止交叉污染。如果每种样品在测试碟的某块区域厚涂，可以获得更多的信息。

在笔记本上按照每个碟子底部的编号记录下所有的测试，包括遇到的问题、样品是否过厚或过薄，以及是否易于使用。这对以后很有参考价值。

测试碟出窑时，在背面用永久性记号笔写上测试样品名称、烧成温度，以及是还原焰还是氧化焰。显然，必须使用某种速记法，确定一种速记法后坚持使用。批次或烧制编号也可记录下来。

当发现一些有趣的结果时，可以用更大试片进行测试。记住，可能会出现流釉，要保护好窑内堋板。软质耐火砖非常适合收集滴下的釉料。

最稳定的釉料将达到以下三种成分的平衡：二氧化硅、氧化铝和助熔剂。这种釉料很可能含有岩石，因为其中有氧化铝。

分层施釉的顺序取决于我对一些釉料的偏好——一般来说，赭石覆盖灰釉，或者灰釉覆盖富含铁的岩石粉或黏土。后者能形成典型的、黏稠的灰釉，如果稳定剂含量过高，就会失败。诀窍是让釉流动起来，但不至于从坯体上流下来！

将收集的材料与购买的材料相结合

我的浮木和芦苇灰釉仅用灰烬制成，烧后为泛蓝光白釉，我很珍惜。但由于缺乏氧化铝（稳定剂），它的流动性很强。如果釉料的流动性大，容易堆釉，可加入一些长石来解决。有一些岩石可以烧成白色，但需要复杂的加工处理，所以有时使用购买的氧化铝会更容易。

归根结底，这取决于个人喜好和所处环境——需要制作釉料的量、釉料效果，以及是需要单独使用收集的材料还是添加一些购买的材料。有时，向购买的基础釉料中只添加一种收集来的材料就足以体现个性化了。

这也是决定如何测量材料数量的阶段——无论是想对干材料进行更精确的测试还是喜欢湿法测量，我个人偏好后者。

向基础釉料中添加其他成分

如果有自己的基础釉，可以尝试用它做一些实验，或者也可以试试伯纳德·利奇的“8号锥”基础釉。配比（按干重计）为钾长石40%、燧石或石英30%、白垩粉20%、高岭土或瓷土10%。这个配方取自伯纳德·利奇（Bernard Leach）的《陶工的书（A Potter’s Book）》。我把所有材料混合成淡奶油的稠度，然后用勺子来测量。这种釉料的烧成范围为8号锥到10号锥。它容易开裂。

青瓷

青瓷釉中含有少量的铁（少于2%），还原焰烧制时呈淡绿色，氧化气氛下呈蜂蜜色。可向基础釉中添加含铁的材料。将泥炭灰添加到上述“8号锥”基础釉中，制成青瓷。根据原釉的颜色来决定加入多少，大约是湿法混合七份“8号锥”的基础釉和三份泥炭灰（泥炭灰中的铁含量不是很高）。

左边为湿泥炭灰样本，右边为泥炭灰添加到伯纳德·利奇的“8号锥”基础釉中，达到我制作青瓷时的配比。中间样品的配比不理想，需要添加更多的泥炭灰。这种通过颜色来定性的方法对我来说很有用，但是干称重和试验也可以

混合测试是一个有效的实验方法，通过这种方法可以观察到实验结果如何根据两种材料的比例变化而变化。例如基础釉和铁赭石。也可以尝试用基础釉与任何一种天然釉料或材料混合使用。如果不想进行混合测试，也可以湿法混合1或2份灰与1份基础釉进行实验。

下页上图：米兰达·福雷斯特（Miranda Forrest）
《高足碗》，2010年
瓷器，湿法混合1份“8号锥”基础釉，1份马尾灰和1份谷物秸秆灰。深色部分是碳，是马尾灰造成的。还原焰烧至9号锥，作品尺寸：8.5 cm × 17 cm
摄影：米兰达·福雷斯特（Miranda Forrest）

混合测试

基础釉	90	80	70	60	50	40	30	20	10
铁赭石	+10	+20	+30	+40	+50	+60	+70	+80	+90
测试釉料的总数	=100 1	=100 2	=100 3	=100 4	=100 5	=100 6	=100 7	=100 8	=100 9

上表中的测量值表示混合比例。如果是干的，可以按重量进行测量，如果是湿的，可以按体积进行测量。

添加长石

如果使用的是购买的长石，则有几种可供选择。请记住，康沃尔石和霞石正长岩属于长石族。康沃尔石的二氧化硅含量较高，而霞石正长岩的氧化铝含量最高。钾长石、钠长石和石灰（钙）长石是其他常见的选择。

购买用于试验的泥胎

可高温烧制的黏土，包括不同的瓷器，都适用于实验。这是我在炻器温度下进行的大多数测试所使用的。我发现在烧制的最高温度（1 300℃）下，瓷器有时会变形，特别是刷有海带灰的样品，并且瓷器上的釉料更容易流淌。在制作大件器型时，我通常使用的是用于手工制作的一种熟料炻器黏土。这种黏土在烧制过程中往往会吸收釉料，因此会形成更哑光的釉面。这种现象可以被称为“渴”。白色炻器用于较小的拉坯物件。

米兰达・福雷斯特（Miranda Forrest）
《两个小酒杯》，2007年
通过浸釉的方式施釉。左边的杯子是瓷器，上面有由纯泥炭灰釉制成的滑纹装饰，熔合在釉中。右边是炻器；两者所用黏土的不同是显而易见的。都是还原焰烧至9号锥。左侧作品尺寸：5.5 cm × 6.5 cm，右侧作品尺寸：6.5 cm × 7.5 cm
摄影：米兰达・福雷斯特（Miranda Forrest）

上图：米兰达·福雷斯特（Miranda Forrest）
多件作品，2011年
从左到右：1. 小酒杯，瓷器，釉料来自湿法混合2份钾长石（外购）、1份马尾灰、1份鸢尾灰（黄菖蒲）和1份谷物秸秆灰；2. 蓝色茶碗，瓷质炻器，釉料为湿法混合1份“8号锥”基础釉、1份马尾灰和1份蓟灰；3. 花瓶，瓷器，釉料来自湿法混合1份“8号锥”基础釉和1份野生当归灰；4. 花瓶，瓷器，釉料来自湿法混合1份“8号锥”基础釉和1份酸模灰；5. 酒杯，瓷器；6. 酒杯，瓷质炻器，这两个酒杯都是浇釉法施釉，釉料来自湿法混合1份钾长石（外购）、1份浮木灰和1份芦苇灰。这种芦苇灰釉在釉料堆积较厚的地方会有深蓝色的闪光。这六件作品都是还原焰烧至9号锥或10号锥。作品尺寸：6～10 cm（高）×7～10 cm（宽）
摄影：米兰达·福雷斯特（Miranda Forrest）

上页下图：米兰达·福雷斯特（Miranda Forrest）
《小瓶》（左）和《茶碗》（右），2011年
小瓶：瓷器，湿法混合1份康沃尔石（外购）、1份马尾灰、1份黄菖蒲灰和1份谷物秸秆灰，浇釉而成。还原焰烧至8号锥，作品尺寸：4.5 cm × 6.5 cm。茶碗：瓷质炻器，湿法混合1份钾长石（外购）、1份马尾灰、1份黄菖蒲灰和1份谷物秸秆灰，浇釉而成。还原焰烧至9号锥以上，作品尺寸：7 cm × 8 cm

上图：米兰达·福雷斯特（Miranda Forrest）
《景观雕塑》，2009年
用白色熟料炻器陶土拉坯成型，这种黏土影响了片麻岩粉和谷物秸秆灰的釉面，使其呈现哑光质地。将釉料浇在作品上，以获得不规则的釉面效果，还原焰烧至10号锥，作品尺寸：89 cm × 23 cm
摄影：米兰达·福雷斯特（Miranda Forrest）

这些陶器样品上有印花装饰，边缘翘起，以防止釉料流入窑内堋板。所有这些都是在气窑中使用本页下文所述的釉料以还原焰或氧化焰烧至1 050℃
摄影：米兰达·福雷斯特（Miranda Forrest）

陶器

在本书中的陶器测试中，我使用了白色陶器泥坯。

陶器烧成温度下的天然釉有一个缺点，即能够在低温下熔化二氧化硅的熔剂在原始状态下有剧毒。因此在陶瓷中，我们使用铅和硼砂作为熔块。尽管现在世界上的某些地方已经完全不使用铅，但现在也只能将这些熔块作为基础，在其中添加收集到的材料。当釉料的原料不能安全使用，可以熔化再重新凝固，使用时会变得更安全，这一过程称为烧结。烧结通常在工业上进行。

我在1 050 ～ 1 170℃的温度范围内做了一些测试。这些试验的透明釉为：

1. 按干重计，铅熔块85%，高岭土（瓷土）15%。

2. 按干重计，碱性熔块85%，高岭土（瓷土）15%。高于1 100℃的温度会烧过火，使釉面产生裂纹。

下图：米兰达·福雷斯特（Miranda Forrest）
《陶罐》，2011年
左和右：陶器，刷上湿法混合的1份碱性熔块釉和1份收集来的赭石铁釉，左边罐是还原焰烧制，右边罐是氧化焰烧制，温度均为1 050℃，作品：直径：10 cm
中间：陶器，分层刷釉：第一层是收集的铁赭石，第二层碱性熔块釉。在电窑中烧至1 100℃，作品直径：10 cm
摄影：米兰达·福雷斯特（Miranda Forrest）

米兰达·福雷斯特（Miranda Forrest）
《花瓶》，2011年
这三件陶器上刷有黏土沉积物制成的泥浆，素烧至1 180℃。后方：碱性釉（仅内部）；左前：碱性釉；右前：铅釉。全部烧至1 050℃，前面作品的高度为15 cm
摄影：米兰达·福雷斯特（Miranda Forrest）

我用含铁的材料和一些灰做了实验。效果最好的植物是燃烧后灰烬最细的那些。鸢尾花灰和日本虎杖灰在1 170℃温度下两种釉会融为一体，但在较低温度下则不能。混合灰烬比分层效果更好，但它们需要充分地混合。令人惊讶的是，实验结果显示含有高二氧化硅的植物灰和海洋灰在这个温度下不会熔化。

铁赭石和泥炭灰可以使用，而岩石样品则不行。收集来的黏土泥浆也可以刷在生坯体上并抛光，或在上面施釉。铁在氧化气氛下会呈现出从天然棕色到黄色之间的颜色，在还原气氛下呈绿色。

其他材料

玻璃

所有收集来的玻璃都可以烧制。在陶器和炻器的温度下，它会熔化并重新凝固，并产生裂纹。彩色玻璃通常会保持其颜色，但是红色在高温下会烧失色。玻璃在约850℃时熔融，在更高温度下流动。

米兰达·福雷斯特（Miranda Forrest）
《酒杯》，2011年
瓷质炻器，釉料来自湿法混合1份钾长石（外购）、1份浮木灰和1份芦苇灰，浇釉法施釉。这种芦苇浮木灰釉根据坯体、釉层厚度和烧制温度的不同，呈现出深浅不一的蓝色或绿色。还原焰烧至10号锥。作品尺寸：7.5 cm × 7.5 cm
摄影：米兰达·福雷斯特（Miranda Forrest）

第七章

施釉和烧成

我单独储存釉料，只在需要时与其他材料混合或分层使用。我发现这比批量混合釉料的方式更加灵活。这似乎也解决了一些问题——例如“解凝”——如果将釉料混合储存一段时间，就会出现解凝的现象。“解凝”是一个术语，描述悬浮在釉料中的颗粒彼此分离。这会使釉料看起来比实际更厚，因此可能会错误地添加过多的水。如果釉料太薄，施釉时附着在素烧坯体上的颗粒太少。清洗釉灰（在将它们混合成釉浆之前）可以帮助防止解凝。

釉浆

将购买的长石粉或基础釉料与天然材料混合，将有助于保持釉料的悬浮性，使施釉更加容易。一般来说，釉料中的颗粒越细，就越能保持悬浮。如果釉料已经沉淀，需要重新混合，倒掉多余的水并保留釉料。用一个平底环形的木工车刀将沉淀物切分，然后将水倒回，再用搅拌器混合会更容易。

施釉时使用的工具。容器上搁着的环形车刀非常适合切割沉淀的釉料颗粒。这些测量勺是测量少量湿釉料的理想选择。罐子可以用来量更多的釉
摄影：米兰达·福雷斯特（Miranda Forrest）

米兰达·福雷斯特（Miranda Forrest）
《茶碗》，2011年
两件炻器均采用刷釉法施釉，釉料混合了1份“8号锥”基础釉、1份马尾灰和1份荨麻灰。左边的茶碗釉下刷有铁赭石，右边的茶碗则在釉上刷有铁赭石。当不均匀刷涂时，铁赭石可以为烧制的釉料提供更大的视觉吸引力。还原焰烧至9号锥。作品尺寸：8 cm × 9 cm
摄影：米兰达·福雷斯特（Miranda Forrest）

施釉

这些天然釉料不像传统的釉料那样容易覆盖在素烧坯体的表面，特别是如果它们没有被精细研磨或球磨时。

刷釉

刷釉是处理小件作品或修补时的最佳方法。这样可以更好地控制水分进入素烧坯体。如果釉料量太少而不能浸釉，仍然可以用刷釉的方式。

浸釉和浇釉

我通常会将这两种方法结合起来。在一个足够大的容器中放入足量的釉料，以浸入打算上釉的作品。用一只手抓住作品的底部，在壶中装一些釉料，倒入作品里，让釉浆分布在坯体的内膛壁。然后将多余的釉料倒回容器中。现在将倒置的这件作品小心地浸入釉料中。这样底部没有上釉。这种方法只能在有足够的釉料的情况下使用，但它确实能实现最均匀的覆盖。如果没有足够的釉料来浸没作品的外部，则可以浇上釉料。这可能导致厚度增加一倍，但如果需要，可以趁釉面未干时轻轻刮薄釉层。同时用刷子修补没有充分覆盖的区域。另外应使用搅拌器定期搅拌，使釉料中的颗粒保持悬浮状态。

浸釉或浇釉时，有海洋植物灰的釉料存在一些缺点——其中含有太多可溶性盐的水会被素烧坯体吸收。

作为经验指导，在素烧坯体上施釉的厚度不建议超过3 mm。经验和个人偏好将决定陶艺师对厚度和施釉方法的选择。一些岩石碎屑和泥釉是非常好操作的，而海带灰难以琢磨，效果难料。

左图：一个刚浇上釉料的大容器。为了便于在大件作品上使用此方法，首先在地板上放一个桶。在桶的顶部放置两根扁平的木棒，以支撑一个小的“转盘”或“旋转器”，并将要上釉的作品放在上面。转盘带着作品旋转，同时将釉料浇在作品上面。桶内收集多余的釉料。这件容器的底层釉为荨麻灰釉，上层为马尾灰釉。在用刷子修饰之前，表层太厚的地方还需要刮掉。注意容器“颈部”底部的凹痕。这个部位在烧制过程中会堆积釉料。马尾灰釉在较厚的地方呈现蓝色，但它在垂直表面上流动性比较大，因此只有在凹痕处才会出现蓝色。这件容器是用一种高熟料的炻器陶土制成的。作品高度：67 cm
摄影：米兰达·福雷斯特（Miranda Forrest）

右上图：釉料流了下来，但被一块软质耐火砖接住了
摄影：米兰达·福雷斯特（Miranda Forrest）

右下图：米兰达·福雷斯特（Miranda Forrest）
《小碟》，2012年
炻器，釉面是1份“黄色岩石”和1份马尾灰湿法混合的釉，釉层很厚。参见第39页的右上角。还原焰烧至9号锥，作品尺寸：1.5 cm × 7.5 cm
摄影：米兰达·福雷斯特（Miranda Forrest）

米兰达・福雷斯特（Miranda Forrest）
《卷尾盘》，2011年
炻器，釉面来自湿法混合1份钾长石（外购）、1份浮木灰和1份芦苇灰。还原焰烧至9号锥，作品尺寸：6 cm × 20 cm
摄影：米兰达・福雷斯特（Miranda Forrest）

装窑

天然釉料在烧制过程中容易流动，这意味着必须考虑如何防止它们黏附在窑内堋板上。当首次在垂直表面上进行釉料测试时，可对容器内膛壁施釉或将涂有釉料的试片放在已素烧的碟中。在实验阶段中，确定釉面不会流淌之前，所有外部上釉的试片都需要在软质耐火砖上烧。这些耐火砖可以用手锯切割成一定尺寸（小心不要吸入粉尘）。这种软质耐火砖能很好地吸收釉料，在烧制后流在上面的釉料也可以磨掉。使用旧的或二手的带有氧化铝或硅砂的硼板没有软质耐火砖效果好。碳化硅堋板在一些国家有售，据说能有效防止粘连，但我没有使用过。

烧窑

在整个烧制过程中，氧气充分供给，这称为“氧化焰”烧成。在窑内处于缺氧中加热烧成的状态称为还原焰烧成。对于还原焰烧制，通常使用能产生火焰的燃料来加热窑炉。

我一般使用标准（大）奥顿锥来测定温度，并用高温计作辅助。我所有的高温烧制都是在一个气窑中进行的，所有高温烧制的陶瓷均经素烧烧制至1 000℃。

我一般计划以每小时提高200℃的速度稳定升温烧制釉料，但如果窑内没有海洋植物灰釉，则有可能加快升温速度。在最高温度下可以选择是否保温15分钟，这取决于烧制时间的长短及装窑密度。密度较大时升温较慢，而这减少了保温的必要性。还原焰烧成中，还原过程在950℃下开始，并在低于最高温度约40℃时停止，然后在氧化气氛中完成烧制。一旦窑炉停火，塞上所有的观火孔，然后让它冷却，这大约需要14个小时。只有当温度低于200℃时，我才将窑门打开一条“窄缝”，刚好可以

米兰达·福雷斯特（Miranda Forrest）
《碗》，2011年
瓷器，釉面采用1份钾长石（外购）、1份浮木灰和1份芦苇灰的湿法混合。还原焰烧至9号锥，作品尺寸：8 cm × 13 cm
摄影：米兰达·福雷斯特（Miranda Forrest）

看清里面。在出窑之前，我会让窑内再冷却一个小时左右。

我的窑炉温度相当不均匀：当8号锥在顶部观火孔下弯时，10号锥将在温度更高的区域开始弯曲，而在底部，8号锥只是刚刚开始弯曲。测温锥会显示窑炉在不同方位的加热是否均匀。

解决问题

天然釉料的主要问题是在烧制过程中流动性的问题。有些问题可以通过前面给出的解决方案来解决，即添加稳定剂。除非釉料经多次烧制均未发生流釉，否则建议在软耐火砖上烧制。有时，釉的流动效果是令人满意的，因为如上图所示，釉料堆积处可以产生迷人的效果。也可以在作品的设计中花些心思，让釉料有一个可以汇集的地方。可在底部刻一条线，或制作一个突出的部分，就足以接住流釉并防止其溢出。这可以从图中所示的一些造型中看出，其中釉料或多或少地聚集在一起。

降低温度可以减少釉料的流动，但这也会以其他方式影响结果。相反，如果釉料不熔化，试着提高烧成温度或添加更多助熔剂，或者使用不同的助熔剂。

煅烧

煅烧是将陶瓷原料加热至800～1 000℃之间，以去除不需要的有机物或水分。

例如，如果希望消除与马尾灰有关的碳捕获效应，可以尝试在窑底用素烧的方法煅烧生灰来烧掉多余的碳。我使用了之前已素烧的容器专用于这个操作。

米兰达·福雷斯特（Miranda Forrest）
《碗》，2007年
全部使用来自英国海滩上的同一种黏土，在氧化和还原气氛中无釉烧
至约8号锥。作品尺寸：约9 cm × 22 cm
摄影：米兰达·福雷斯特（Miranda Forrest）

第八章

发现黏土

本地黏土

本书主要是关于天然釉料的，正如前面提到的，我在外赫布里底群岛还没有发现可塑性强的黏土。尽管如此，每当我去到大陆地区时，我都会特别留意。一些地区在地质上比其他地区更容易发现黏土矿床。我在所有下层土暴露的地方寻找有黏性的、疑似黏土的材料进行测试。到目前为止，我只发现了含有大量铁的黏土矿床。能被找到的黏土的成分取决于其所在的地区。黏土很重，所以一开始我只少量收集。大约收集1 kg就可以知道是否值得大量收集。

如果发现了疑似黏土的材料，并想用它做器物，可以先捏一个小物件来测试它的可塑性。我自己通常会捏像一只正在睡觉的鸟。如果黏土的性能足够好，可以试着制作一件更大的作品，但是在成功烧制小件之前，要忍住别烧大件，因为未知黏土在更高的温度下会急剧坍落。将小物件放在碟子中烧制，看看它在想要的温度下是否能保持形状。

米兰达·福雷斯特（Miranda Forrest）
《茶碗》，2011年
本地苏塞克斯黏土，釉面使用南尤伊斯特马尾灰。还原焰烧至8号锥，作品尺寸：7.5 cm × 8 cm
摄影：米兰达·福雷斯特（Miranda Forrest）

英格兰苏塞克斯（Sussex）海滩后面的布满干燥粉状黏土的悬崖

本地悬崖黏土拉坯制成的生坯。左边的白罐是用购买的白色炻器黏土制作的，用于颜色对比。右手边的黄色小罐是从苏塞克斯的一个花园里挖来的黏土制成的，这种黏土不是很有可塑性

摄影：米兰达·福雷斯特（Miranda Forrest）

我曾在一个有卵石的英国海滩的潮间带上收集黏土。结果证明这种黏土的纯度非常高，不需要筛分。颜色是浅灰色，非常具有可塑性。我曾用它来拉坯制作的碗。在还原和氧化气氛中，烧制到8号锥，会产生不同深浅的棕色，这表明铁含量比我对浅灰色生黏土的预期要高。我在坯体上尝试了各种釉料，但更喜欢不施釉的。几个月后我再去收集时，已经找不到它的任何踪迹了！

我找到的另一种黏土更干燥，呈粉末状，潮湿时呈黄赭石色。将该样品加水制成泥浆后筛分以去除其中的植物杂质，然后在石膏上干燥至所需的稠度。这种黏土具有足够的可塑性，可以拉坯成型，烧至8号锥时仍能保持形状。

储存在密闭容器中的黏土在一段时间内可以保持稠度。如果黏土中的有机物没有被完全筛出，就会腐烂，产生难闻的气味。将其存放在阴凉处有助于防止这种情况发生。但是，如果方便，可以将黏土晒干储存并在需要时重新浸泡。

给出这些示例是为了说明如何发现并评估本地黏土的。所有这些样品烧至8号锥时都能实现玻璃化且保持其形状，但只是出现了过火的迹象，如膨胀、起泡或鼓包。在下一步的实验中将降低最高烧制温度以防止这种情况。

米兰达・福雷斯特（Miranda Forrest）
《茶碗》，2011年
均为苏塞克斯本土黏土作品，还原焰烧至8号锥。后方两个作品均为海崖沉积黏土作品，左边的釉面为南尤伊斯特马尾灰，右边为苏塞克斯的日本虎杖，作品尺寸：7.5 cm × 8 cm。前方作品使用内陆花园黏土，用南尤伊斯特马尾灰上釉，作品尺寸：4 cm × 5.5 cm
摄影：米兰达・福雷斯特（Miranda Forrest）

米兰达・福雷斯特（Miranda Forrest）
《吊坠》，2012年
乐烧，在釉中添加云母和铁赭石，作品尺寸：5 cm × 1.5 cm
摄影：米兰达・福雷斯特（Miranda Forrest）

第九章

乐烧使用的天然材料

乐烧

乐烧工艺在其他文献中有详细记载。在此将举例说明如何将收集来的黏土、云母和铁赭石融入乐烧的。

乐烧的烧制温度通常为1 000℃。因此，有些收集来的黏土在较高的烧制温度下会坍落或熔化，但在乐烧温度下不会变形和倒塌。釉料是购买的碱性乐烧釉，但在烧制过程中，来自黏土的铁影响了发色。

云母是一种诱人的发光材料，以小晶体或大晶体的形式存在，这就是花岗岩中闪闪发光的东西。它往往是人们在寻找釉料时遇到的，而不是专门去寻找的。有时可以在岩石中发现大型晶体。

它的颜色范围从银白色（白云母）到亮黑色（黑云母），有时是金色。较大的晶体结构为薄片，可用刀片小心分离。这些薄片在1 000℃下仍为薄片，但在1 260℃以上会熔化并消失。当加热到1 000℃时，银白色片状晶体将变成闪亮的金色。在乐烧温度下，这些片状晶体不会附在黏土上，但会附在釉面上。小晶体可以洒在釉上或混入釉中。

可以用不同数量的铁赭石给购买的乐烧釉或黏土坯体着色。当它被用来给坯体上色时，很可能会渗透到涂在上面的釉料中。

白色长石/石英岩中的金色云母晶体。这种晶体的直径约为4 cm，会以小片状结构剥落
摄影：米兰达·福雷斯特（Miranda Forrest）

上图：米兰达·福雷斯特（Miranda Forrest）
《茶碗》，2012年
制作这个茶碗的黏土为第8章中描述的从悬崖上收集的本地黏土。釉料是购买的碱性乐烧釉，但在烧制过程中因黏土中的铁而变色，乐烧，作品尺寸：6.5 cm × 7.5 cm

左图：米兰达·福雷斯特（Miranda Forrest）
《吊坠》，2012年
乐烧，在釉中加入云母和铁赭石，作品尺寸：3 ～ 5 cm（高）× 1.5 ～ 2 cm（宽）

下页上图：米兰达·福雷斯特（Miranda Forrest）
《乐烧小鸟》，2008年
我使用了多种当地开采的角闪石矿物涂在坯体表面，为这件作品赋予了更深的颜色。白釉是外购的，作品尺寸：15 cm（高）× 29 cm（宽）

下页下图：米兰达·福雷斯特（Miranda Forrest）
《沉睡的小鸟——回忆守望者》，2011年
乐烧，作品尺寸：10 cm（小鸟身长）。在陶瓷作品中存有有趣和轻松的空间是很重要的！在我的居住地中有很多鸟类，我用来测试黏土可塑性而捏的小物件一般也是鸟类。这件作品是为实验本地黏土泥浆而创作的，并用海滩上的卵石磨光。白色是购买的乐烧釉。
有时我发现一块浮木也很有意思，它不应只是被烧掉，贝壳也是相当迷人的！它们都可以被融入一件作品中，承载一天的外出或海边度假的回忆。
摄影：米兰达·福雷斯特（Miranda Forrest）

第十章

使用天然材料的陶艺家

感谢本章出现的陶艺家们，他们非常慷慨地介绍了他们的作品。

菲奥娜·拜恩·萨顿（Fiona Byrne-Sutton）

我的大件作品为模印成型，造型上表现出地质过程，需要在1 160 ～ 1 180℃的电窑内烧制24小时以上。这些器皿是用黑色的土石塑造的，其中嵌入了在苏格兰主要河流附近挖出的黏土。氧化铁在我的作品中也是很重要的部分，因为黏土通常含有黑色、赭石色或红色的氧化铁。这些黏土燃烧后为橙色或深棕色，所以我的作品主要是橙色和黑色，这是一种带有原始彩陶血统的颜色组合。然而，玻璃化温度及氧化铁的含量存在很大的差异。在浅色黏土旁发现含铁黏土并不罕见。某些黏土具有极高的可塑性，并且没有沙砾混杂其间，如克拉克曼南郡的高火福斯（Forth River）河和冰川漂石黏土，在燃烧前呈铁赭色和白色混杂的大理石花纹。再往下游的格兰奇茅斯（Grangemouth），同样在福斯河边，黑色氧化铁是主要的矿物。黏土黏性较差，即可塑性不强，在1 150℃左右玻璃化，呈玻璃状光泽。

上页图：菲奥娜·拜恩·萨顿（Fiona Byrne-Sutton）《克拉克曼南郡泥片成型碗》（细节图），2010年
来自加滕克尔农场的克拉克曼南郡冰川漂石黏土，黑色土石，作品尺寸：55 cm × 19 cm
摄影：迈克尔·沃尔乔弗（Michael Wolchover）

右图：菲奥娜·拜恩·萨顿（Fiona Byrne-Sutton）《克拉克曼南郡冰川漂石黏土注浆成型碗》（从上方拍摄），2012年
黑色土石，作品尺寸：55 cm × 19cm
摄影：艾米·科普曼（Amy Copeman）

我的碗描绘了地方的地缘诗学。它们通过每种黏土的特性来赞颂苏格兰的土地，无论是彩色泥浆，还是将低玻璃化黏土与耐火黏土相结合。因此，在《格兰奇茅斯福斯河碗》中，一层非常厚的未经筛分的半干灰色黏土被压制成熟度更高的黑色土石，并在1 160℃下的电窑内烧24小时以上。熔化的格兰奇茅斯黏土比下层黏土收缩得更快，形成了诱人的棕色光泽和富有表现力的裂缝。《克拉克曼南郡泥片成型碗》所用的泥片选自艾洛亚（Alloa）附近的加滕克尔农场的大理石花纹黏土。《克拉克曼南郡福斯河碗》使用了从同一农场过筛的泥浆，但来自更高的坡上。此处浅色黏土比铁赭石多，因此颜色较淡。当地植物被压印在上面并涂上红色氧化铁，在黑色黏土上烧成迷人透亮的灰色光泽。这些器皿没有明显的功能，使用本地陶瓷工艺的词汇——碗、碗边的切口、器壁上矩形把手的切口——来表达对形式和空间的看法。

我正试图开发一种与我们所处的困难时期相对应的工艺品，不带感情且不做批判。圆弧形是碗的一种经典造型的作品。我的碗直径55 cm，高19 cm。我打算用碗创造一个巨大的映射空间。当本地黏土及诸如植物和房屋图案的主题在黑色背景上呈现，它们会产生一种刺痛的回响——对意识的轻微干扰，使人不安，向观者发问。

菲奥娜·拜恩·萨顿，2012年

菲奥娜·拜恩·萨顿（Fiona Byrne-Sutton）
《克拉克曼南郡冰川漂石黏土注浆碗》（侧面），2012年
黑色土石，作品尺寸：55 cm × 19 cm

上图：菲奥娜·拜恩·萨顿（Fiona Byrne-Sutton）
《格兰奇茅斯河谷碗》，2012年
格兰奇茅斯黏土，作品尺寸：55 cm × 19 cm

右图：菲奥娜·拜恩·萨顿（Fiona Byrne-Sutton）
《格兰奇茅斯福斯河谷碗》（细节），2012年
格兰奇茅斯黏土，作品尺寸：55 cm × 19 cm
摄影：艾米·科普曼（Amy Copeman）

路易丝・库克（Louise Cook）

自从我的祖母从自家小农场的岸边挖出一桶黏土，我就爱上了黏土。小时候，我和姐姐会坐下来用黏土做一些简单的形状。我现在知道当时实际上是在捏塑。我对使用这种奇怪的块状材料的记忆仍然很深刻，这种材料散发着泥土的气味，偶尔还会有小的海洋生物。我很喜欢这些！

搬到苏格兰外赫布里底群岛的北尤伊斯特岛后，我学习了泥炭和坑烧，并开始使用当地材料运营工作室和“黏土日”。从坑里取出仍在燃烧的罐子后，我在上面洒上牛奶，然后把它浸入水中。牛奶产生了有趣的飞溅图案，看起来像釉一样，相当持久。由此产生的手捏陶器在颜色和质地上与西部群岛沿海考古遗址中被侵蚀的许多陶器碎片非常相似。

我在陶瓷方面自学成才，有时意味着在把握材料性能方面的学习曲线非常陡峭。我从不回避将有机材料放入窑中，这既带来了巨大的乐趣，也偶有灾难。我开始从尤伊斯特海滩和度假时去的地方收集沙子和类似黏土的土壤。我发现当地材料本身无法满足炻器烧制的要求。然而，我可以把它薄涂在备好的炻器黏土表面，可以烧成浓郁的深棕色，因含金属铁，使其具有青铜的光泽。在尤伊斯特岛使用的原材料或直接来自海岸或经过素烧，颜色为赤褐色，具有明显的砂砾纹理。云母含量很高，即使在较暗的泥炭烧制区域，也能产生微妙的闪光。小块的石英砂保留其亮白色，与深色的烧制区域形成有趣的对比。

路易丝・库克（Louise Cook）
《镜子》，2012年
以海岸线为灵感，用当地的黏土薄涂，用海滩和湖泊的沙子作为釉料。在电窑中烧至1 260℃。作品尺寸（左）：17 cm × 8 cm，作品尺寸（右）：25.5 cm × 19.5 cm
摄影：路易丝・库克（Louise Cook）

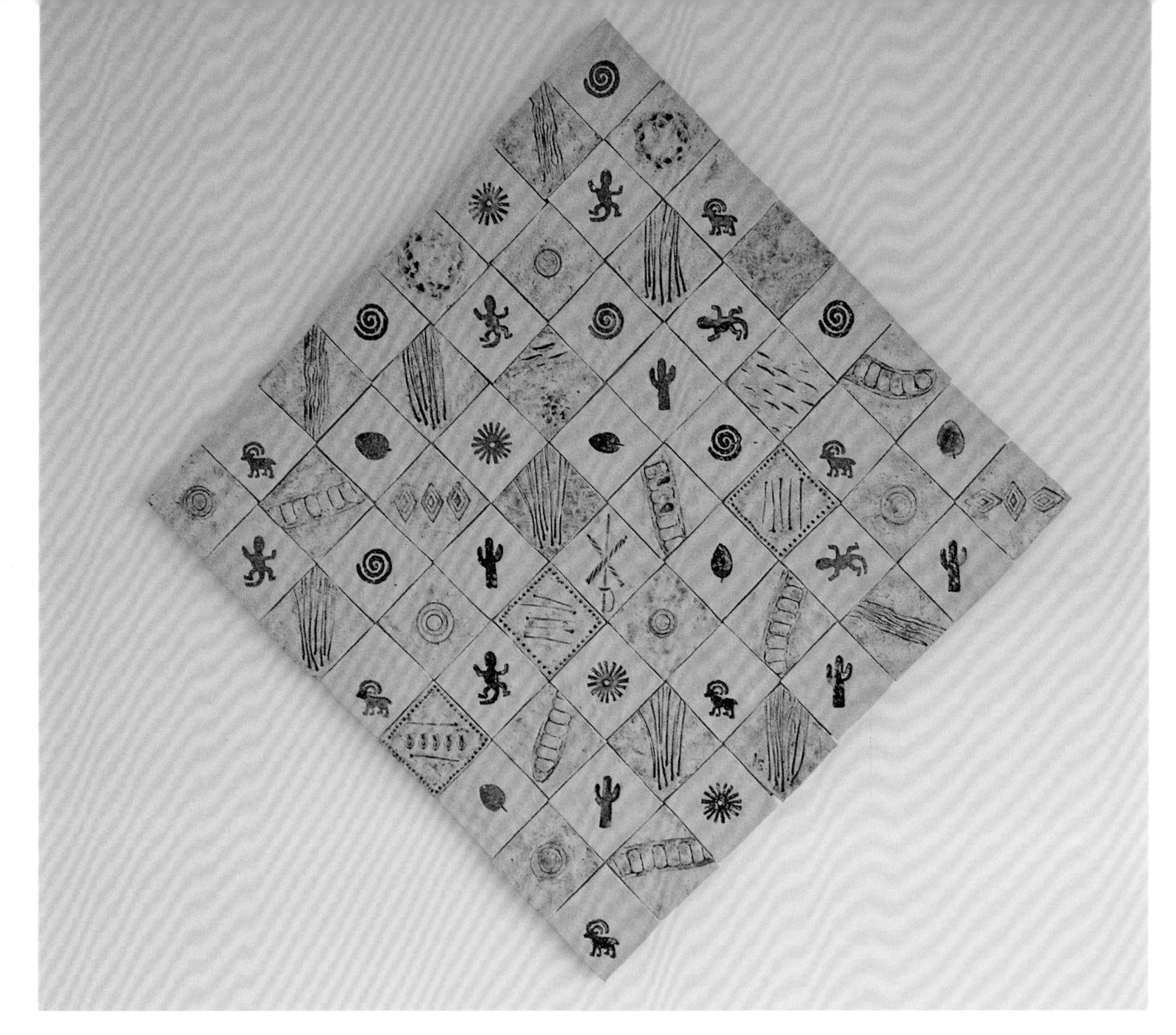

上图：路易丝·库克（Louise Cook）
《“犹他州”墙上陶板》，2011年
在电窑中将炻器烧至1 260℃，作品尺寸：51 cm。单个陶板融合了在犹他州和亚利桑那州的沙漠中遇到的植物形象。雕刻的黏土压花模具使用的是犹他州的黏土型土壤，尤伊斯特岛的泥浆轻轻刷在上面，突出植物的形象。

右图：《“犹他州”墙上陶板》（细节）
单个陶板尺寸：6 cm
摄影：路易丝·库克（Louise Cook）

我发现我的作品在不断进步，而秘诀在于简单化。我现在常使用加入了由海滩沙子和当地黏土制成的釉料。沙子通常会产生蜂蜜色、赭石色或橄榄色调，有时还会产生花白的饰面。西海岸不同海滩之间的细微差异，以及使用当地泥浆作为基础时微妙的颜色变化。这种简单的趣味及对实验的渴望让我这几年乐此不疲地探索。

路易丝·库克，2012年

路易丝·库克（Louise Cook）
《卵石形碗》，2003年
泥炭/坑烧，三足泥片成型，印有海藻纹，作品尺寸：13 cm × 20 cm
摄影：路易丝·库克（Louise Cook）

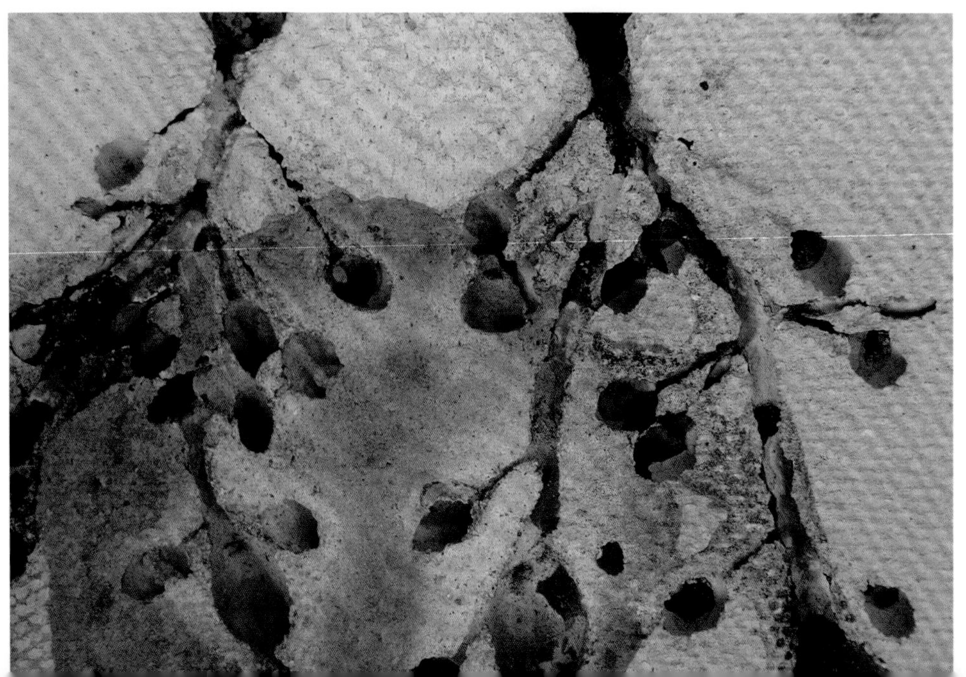

路易丝·库克（Louise Cook）
《卵石形碗》泥片成型，印有海藻纹（细节），1999年
用牛奶釉烧制，泥炭/坑烧。刘易斯城堡学院收藏
摄影：路易丝·库克（Louise Cook）

迈克·多德（Mike Dodd）

很长一段时间以来，我使用矿物来制作釉料，这些矿物通常（但不限于）在我住所的附近，包括：花岗岩、角岩、安山岩、斑岩、黏土、赭石和木灰。可以去当地的采石场看看。许多采石场都在采矿和粉碎岩石，用于与柏油碎石混合，以进行道路建设和维护。其他采石场则为水泥和石膏行业开采石灰石和石膏。石灰石/白垩，即我们所熟知的白垩粉，数量丰富且价格便宜，所以我不特意收集这些。由于石膏含硫，不建议将其用作釉料。

当去采石场并见到经理或工头时，需要询问粉状粒级。根据最新的健康和安全法规，现在需要关注的是"湿粉粒级"。它通常足够细才可以筛出较大的颗粒。如果不够细，必须进一步粉碎，而这需要板磨机以及球磨机。或者，询问是否可以扫出筛分棚中的粉尘。这些高层建筑通过传送带将碎石运送到顶层，并通过一系列筛子将岩石根据不同尺寸分级。卡车可以停在下面，打开舱门，往车里装满适当等级的碎石。这些棚子里的粉尘颗粒细微，大小一致（对釉料很重要）。有些经理会允许你带着塑料袋和铲子，戴上安全帽，在一名员工的陪同下进入这些棚子；有些经理不会让你靠近工地，但也可能给你成袋的优质材料。一个较合适的处理方式是，在之后的某一天，向经理赠送使用采石场的岩石制成釉料的罐子或几个杯子。这些礼物一定会受到欢迎。

当地的黏土更容易获得，要么在花园里，要么在当地的河岸边，甚至在建筑工地上，挖掘机正从新建筑的地基里挖出可爱的绿色、灰色、蓝色、红色或黄色黏土。将四或五袋这样的黏土进行干燥、熟化、筛分并再次干燥，作为釉料可以用上好几年。木灰是无需过多解释的！

迈克·多德，2012年

迈克·多德（Mike Dodd）
2011年
高温炻器，灰釉中使用了当地黏土，作品宽度：22 cm
照片：经戈尔德马克画廊许可使用

迈克·多德（Mike Dodd）
2011年
高温炻器，釉料中有玄武岩和黑色花岗岩，
作品高度：23.5 cm

迈克·多德（Mike Dodd）
2011年
高温炻器，长石透明釉上装饰有角岩石的
蜡防图案，作品高度：32 cm

迈克・多德（Mike Dodd）
2011年
高温炻器，开裂泥浆上的花岗岩釉和灰釉，作品高度：24.5 cm

迈克・多德（Mike Dodd）
2011年
高温炻器，灰釉覆盖在花园黏土制成泥浆上，作品高度：48.5 cm
照片：经戈尔德马克画廊许可使用

洛特・格洛布（Lotte Glob）

我的创作与苏格兰高地（Scottish Highlands）的景观和荒野有着密切、持续且强烈的关系。我需要长途徒步进入山区，带回岩石和沉积物等材料。通过直接使用这些原始和未经提炼的材料，并结合不同的黏土，我创造了直接反映材料物理性质的雕塑形式，将雕塑烧至1 320℃的白热化状态，经历了类似于火山起源的自然改变。

对我来说，至关重要的是，烧制为材料的再次活跃创造了条件，从而可以重新体验这些材料的质变。在熔化岩石、玻璃、黏土和沉淀物的过程中，往往会面临很高的风险。尽管我通过大量实验积累了知识，但这一过程的兴奋感驱使我冒着可预计的风险，将这些材料推向一个不可逆转的转变方向。

我是一个随心所欲的陶艺家，凭直觉而不是以科学的方式工作。我冒了很多风险，也得到很多惊喜，有好的也有坏的。我会尝试找到的任何天然材料。我主要使用的材料是黑砂和白砂，以及从河岸上得到的黄色和红色土壤。我主要是在未加工的状态下使用它们，就像刚把它们带回家时那样。我把它们分层叠加在盘子和砖上。有时我会把它们和木灰混合在一起，或者加入釉料和泥浆中。

左图：洛特・格洛布（Lotte Glob）
《只是岩石》，2005年
岩石，作品高度：40 cm

右图：洛特・格洛布（Lotte Glob）
《岩浆地段》（细节），2012年
摄影：洛特・格洛布（Lotte Glob）

我一直对使用在土地上找到的原始状态下的釉料感兴趣。我住在苏格兰的西北角，那里以地质闻名，有很多天然原料。

当我第一次开始使用原始材料时，会仔细地把它们磨碎。这是一项艰巨的工作，所以我问一位老陶艺家“如果把一整块石头放进窑里会发生什么?”时，他惊恐地举起双手说：“不，不，它们会爆炸的。”在下一次的烧制时，我把一块小石头放进窑里，结果很好——熔化了一半，没有爆炸。在那之后，我向窑里放了更多更大的石头。我现在经常使用石头，有时只用石头，并把它们熔合在一起。我尝试了许多不同的类型：一些完全熔化，一些出炉后很漂亮，一些几乎没有变化。

现在，我更加了解岩石在窑里会有什么表现，烧坏的事故也少了很多。当然，总会有一块新的石头是我以前没有烧过的，所以我不会想当然。在这方面，我不建议任何人烧石头，除非他们准备冒很大的风险（但是，生活本身就是一种冒险）。为了保护硼板，我在架上放了一层厚厚的硅酸盐砂，再把陶瓷放在上面。自从烧石头以来，我已经换了很多硼板了。

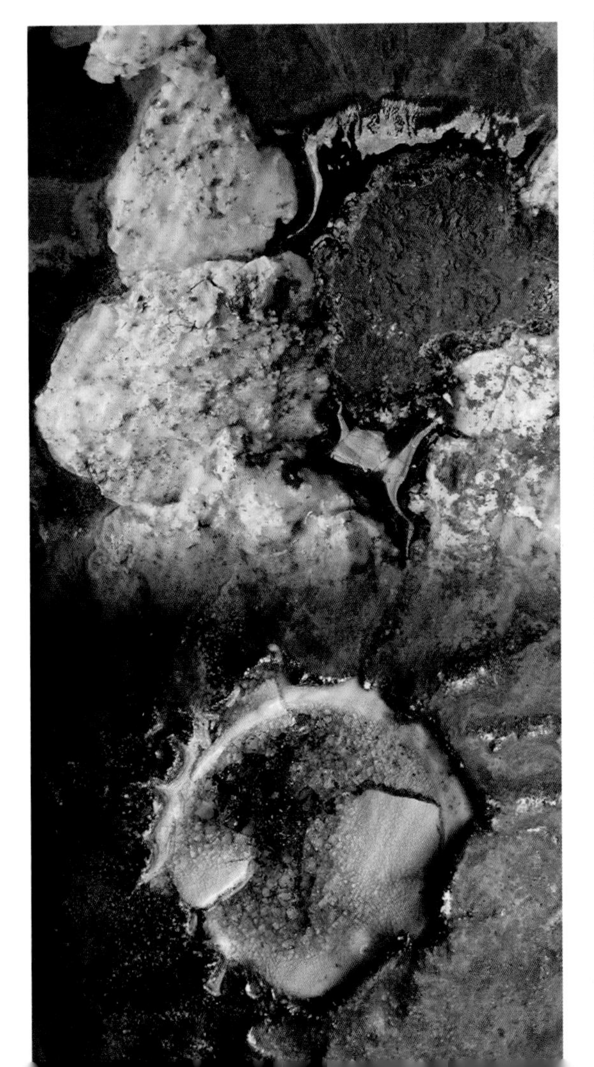

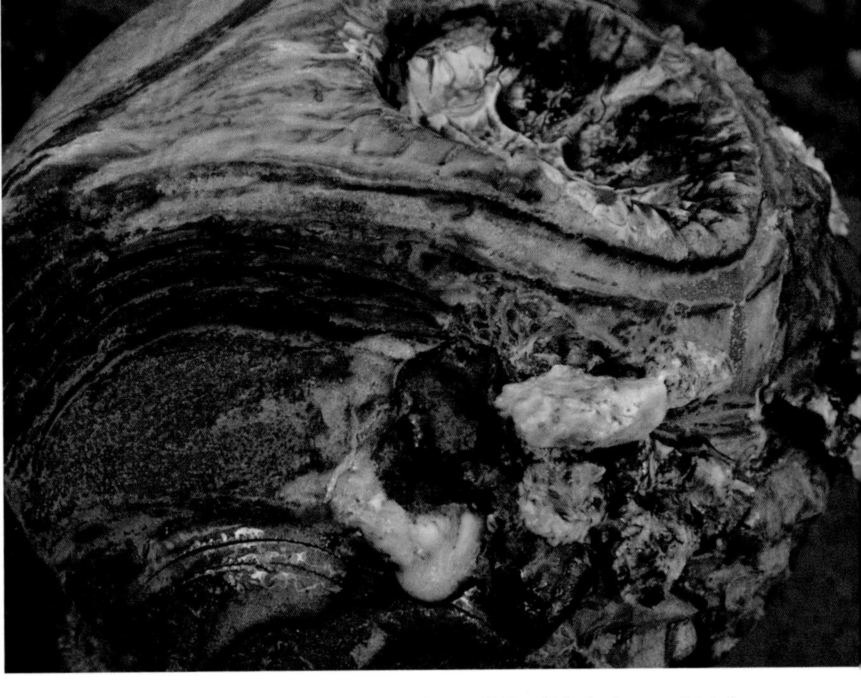

左图：洛特・格洛布（Lotte Glob）
2006年
高温炻器漂石、沙子、泥和玻璃（细节）

右图：洛特・格洛布（Lotte Glob）
2007年
漂石、沙子、泥和玻璃，作品尺寸：55 cm × 60 cm
摄影：洛特・格洛布（Lotte Glob）

洛特・格洛布（Lotte Glob）
《盘子》，2012年
高温炻器，岩石、沉积物和玻璃。作品直径：60 cm
摄影：洛特・格洛布（Lotte Glob）

温迪·克肖（Wendy Kershaw）

陶瓷是创作叙事图像的极好媒介。它是如此独特，有着无限变化的表面，值得陶艺家用一生的时间去实验和发挥。

过去，我有时会过度控制黏土，以至于图像失去生气。需要在控制和顺其自然之间找到平衡，把我的想法加在泥土上，接着让它自行发挥。我通常使用一种混合的釉下色剂，不上釉，烧至6号锥，色剂与黏土充分结合，不会掉色。使用黏土就像在杂耍抛球一样——黏土的类型、温度、着色剂、制作方法和装饰技术都需要考虑。为了试验和保持新鲜，我喜欢改变其中的一种元素，在这件作品中，我把购买来的釉下色剂换成了从一个苏格兰湖边捡来的铁赭石。铁赭石呈明亮的橘红色，通常出现在湖边或水流处。

起初，我使用的是原始状态的赭石，先用60目的筛子筛去树叶和树枝，再用更细的120目筛子。然而，使用原始状态的赭石会导致釉面堆积处发生龟裂的问题。但很容易通过煅烧赭石，将其烧至800℃以上，即可通过消除过度收缩来克服这一缺点。煅烧后，我将其磨碎并与稀释的丙烯酸介质混合。丙烯酸介质可以防止赭石被碰掉，这样更好操作，不会弄脏已有的装饰。

温迪·克肖（Wendy Kershaw）
《回忆中收集被时间磨灭的花朵》，
2012年
瓷器，作品尺寸：27 cm×
30.5 cm×0.5 cm
摄影：温迪·克肖（Wendy
Kershaw）

我的创作手法是用细缝纫针在半干的黏土板上作画，然后素烧至6号锥。为了赋予纹理，我在涂上赭石之前有意切割素烧表面，使其流向刻痕。然后用一块软布擦去多余的部分，留下中间色调。为了提亮某些区域，可以用一块致密的化妆棉清洗整个表面，并用一支湿画笔清洁较小的区域。我用橡皮擦来提升瓷器的洁白，对于非常精细的细节处，我会使用手术刀。较深的色调是通过层层叠加而形成的。

我的绘画都是基于谚语、格言以及对家庭日常生活的赞颂。我试图创造一个世界，在那里人们可以更充分地享受生活中经常被忽视的小乐趣，探索人性中一些有趣的怪癖。

《史诗般的沐浴》是在庆祝一次长时间的泡浴，这次泡浴极尽奢华，不仅有许多浴盐、泡泡和一艘船，还有大量的茶和蛋糕。《浴室橱柜里的布丁女孩》是一个个人的家庭神话，通过穿着许多口袋的连衣裙来表达对布丁的渴望，每个口袋里都有一个布丁勺……以备不时之需。

温迪·克肖，2012年

上图：温迪·克肖（Wendy Kershaw）
《史诗般的沐浴》，2012年
瓷器，作品尺寸：42.5 cm × 46.5 cm × 0.5 cm

下页左上图：温迪·克肖（Wendy Kershaw）
《史诗般的沐浴》（细节），2012年

下页右图：温迪·克肖（Wendy Kershaw）
《浴室橱柜里的布丁女孩》，2012年
瓷器，作品尺寸：39.5 cm × 13 cm × 0.8 cm

下页左下图：温迪·克肖（Wendy Kershaw）
《浴室橱柜里的布丁女孩》（细节），2012年
摄影：温迪·克肖（Wendy Kershaw）

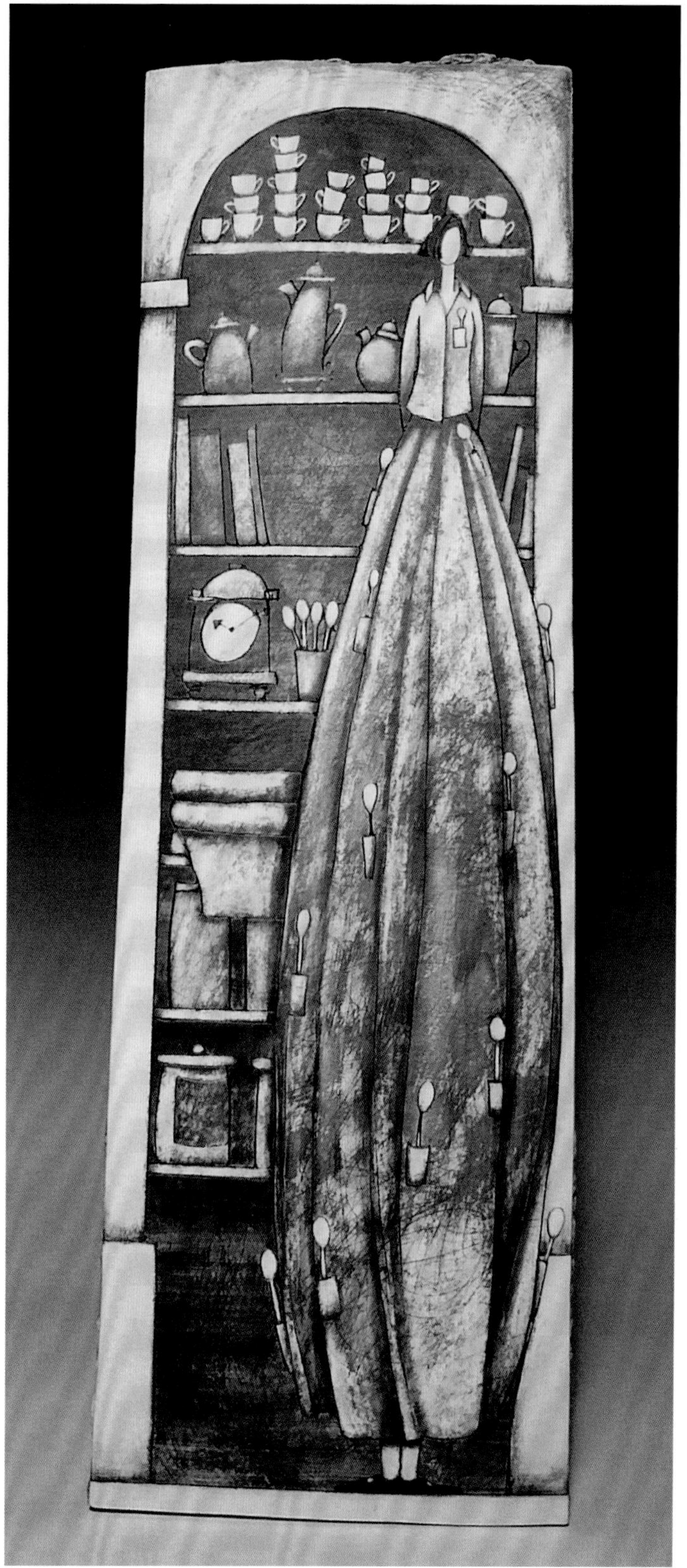

菲尔·罗杰斯(Phil Rogers)

自从制作陶器以来，我一直对这样一种观念感兴趣，即使用当地发现的材料是一种将个人(即使不是独特)性格引入作品的方式。用这种方法制作釉料、泥浆甚至坯体并不需要深厚的化学知识。更重要的是好奇心和想成为一个陶艺家的愿望，而不是依赖从供应商那里获得装在塑料袋里整齐贴上标签的精制材料。

我生活在威尔士(Wales)怀伊河(River Wye)源头附近，这里风景优美，地势崎岖。林业是当地的一个产业，采伐木材产生的废料为我的窑炉提供了所需的燃料，火炉中的木灰也可用于釉料。我家里烧木头的炉子和窑灰提供了需要的所有灰烬。30年来，木灰一直是制釉的核心，我的作品，特别是罐子表面，在处理技法上已经取得了很大的进步，充分利用了木灰釉的流动性和纹理特征。

釉料的制作依靠硅石。二氧化硅是形成玻璃的主要氧化物，陶艺家的任务是熔化二氧化硅，形成玻璃或釉料。二氧化硅本身具有很高的熔点——例如，石英在1 830℃下熔化——因此我们需要引入碱性助熔剂。碱性助熔剂可以是钙、钾、锂、钠或镁。简单地说，如果将一种或多种助熔剂与二氧化硅按照正确的比例和足够细的颗粒混合，就可以让二氧化硅在一个更低温度下熔化，而这个温度在窑炉的烧制范围内。这是共晶实践或理论的一个例子。

上页左图：菲尔·罗杰斯（Phil Rogers）
《模印成型的瓶子》，2012年
炻器，作品尺寸：23 cm（高）
我在半干的瓶子上涂上一层红色的泥浆，泥浆是我在陶艺工作室上方的树林里挖出的黏土制成的。这种黏土是非塑性的，不适合拉坯，但会是一种完美的含铁泥浆。素烧之后，我给瓶子上釉，釉面未干时，我用手指在表面上拖动，在指印上留下一层残留的釉。非常薄的一层釉足以使泥浆表面呈现出丰富浓郁的红色，这与黑色天目釉形成了鲜明的对比

上页右图：菲尔·罗杰斯（Phil Rogers）
《尤诺米茶杯》，2012年
炻器，刷毛木纹样，上有切割图案和灰釉，作品尺寸：12 cm（高）。我喜欢灰釉在凹陷处、刻线处和凸起处汇集的样子，所以我利用这一特性，让厚厚的泥浆流入坯体中

右图：菲尔·罗杰斯（Phil Rogers）
《茶碗》，2012年
炻器，灰釉，有压印图案，作品尺寸：14 cm（高）。这个碗下部的釉料是由木灰和威尔士边境附近采石场的石粉混合而成。这种石头被称为杂砂岩，是一种用于道路建设行业的砂岩碎块。它的铁含量相当高，使釉料呈橄榄色
摄影：菲尔·罗杰斯（Phil Rogers）

在我的陶艺工作室附近有一个采石场，那里有一种叫做杂砂岩的石头，这是一种非常坚硬耐用的不纯砂岩，主要用于路面铺设行业。当地称之为粗砂岩，含硅量高，含铁约4%。我从工厂的抽风机中收集最细的粉尘，并直接在一些釉料中使用这种材料。陶艺工作室上方的树林是一种红色黏土的来源，这种黏土是非塑性的，完全不可用于拉坯，但可用手指进行涂抹装饰。

我说过，深厚的化学知识不是必不可少的。在寻找一种新的、可能有用的材料时，我的日常工作更多依赖直觉，而非科学，并且基于“试试看会发生什么”的理念。如果我们在试釉料，第一步是先烧一小块材料，看看它在11号锥的正常烧制温度下熔化了多少。下一步是将两种材料混合在一起。对于高硅岩石或黏土，我可能会添加木灰（木灰含钙量高）或石灰石（白垩）形式的助熔剂。根据这些混合物的燃烧结果，我会得出两到三种最有趣的组合，然后添加第三种材料——可能是黏土或长石，这取决于我认为它需要什么——然后再燃烧另外十种混合物。通常情况下，我们会从这三种材料中获得良好的釉料，就是这么简单。

利用当地材料是一种生产真正属于自己的釉料和釉面效果的方法。即使你对地质学和化学有一个基本的了解，这也能带来惊人的结果。在我看来，理解所使用的材料并与之建立亲密而长久的关系是陶艺家角色的一部分。

菲尔·罗杰斯，2012年

左图：菲尔·罗杰斯（Phil Rogers）
《盖罐》，2012年
炻器，作品尺寸：23 cm（高）。这件作品上有两种灰釉。边缘有一层榆树灰釉，下部是由当地采石场的石头与灰混合而成的釉。有人送了两大袋榆树灰给我，它们已经在花园的棚子里躺了30多年了。这种釉料有一种美丽的蓝灰色，不像我用过的任何其他灰釉

右图：菲尔·罗杰斯（Phil Rogers）
《柴烧罐》，2011年
炻器，作品尺寸：28 cm（高）。我在这件作品的釉料中使用了木灰，这些木灰几乎都来自客厅里烧木头的炉子。我用当地锯木厂的废木料来烧双室柴窑
摄影：菲尔·罗杰斯（Phil Rogers）

焦耳·萨金特（Joules Sargent）

作为一名陶瓷设计师，我发现创作特定主题的作品并不难。然而，用天然、找到的和可回收材料调配颜色，虽然劳动强度大，但却能获得令人难以置信的回报，有无数精彩的结果等待着我们。

我居住的地区的土壤是由古老的沉积物形成的，包括冰川和沉积岩。因此，在创作中使用这些材料的诱惑力是不可否认的。幸运的是，我还可以接触到大量可供选择的植被，采集植物和试烧已经成为我的一种生活方式。

至于助熔剂，我常以干灰形式使用富含二氧化硅的高茎秆类夏季花卉和植物。我喜欢用混合的草甸花（草甸灰）、琉璃苣、罂粟和马尾草。关于釉料，我也会使用干燥的白垩，在烧制前将其研磨并与黏土混合。

我使用的冰川黏土遍布英格兰南部。这种黏土在烧制前呈土黄色，但是在烧至8号锥时变成红褐色。我也使用悬崖落石黏土，用于制作炻器。由于氧化铁的含量不同，黏土的颜色从黑色到红色到淡紫色不等，但都烧成了铁红色。最后一种黏土是一种陶土，如果烧至8号锥，会有光泽，但也容易变形，因此需要添加其他成分来保持其稳定性。

加入找到的和回收的材料也相当令人兴奋，因为其结果可能相当惊人。有时，我用金属、玻璃、岩石碎片和沙子来增加深度和质感。我主要用氧化方法烧制，但无论用什么方法，最令人兴奋的部分是打开窑炉，展示大自然所提供的光荣恩赐。如果你愿意接受挑战，在自家门口就可以获得这种恩赐。

左图：焦耳·萨金特（Joules Sargent）
《小茶灯》，2012年
瓷器上部无釉，底座为炻器，施了三种由当地黏土制成的釉，均使用白垩作为助熔剂。作品尺寸：11.5 cm × 11.5 cm（底座），10 cm（高）

右图：焦耳·萨金特（Joules Sargent）
《灰釉茶灯》，2012年
草甸灰和当地陶器釉，以及琉璃苣灰和冰川黏土釉。作品尺寸：11.5 cm × 11.5 cm（底座），12.5 cm（高）
摄影：焦耳·萨金特（Joules Sargent）

我发现这些釉料与茶灯座相得益彰，它们的颜色与未上釉的瓷器上部形成了鲜明的对比。上部压印有花卉图案，点亮时可以透光。最后这个作品展示了在大自然中力量和脆弱之间微妙的平衡。

我一直热爱天文学，制作月亮碗让我有了表达自由的方式。我添加了大量的回收材料来创造不同寻常的釉面，而这些釉面具有多种多样的表面装饰。

焦耳·萨金特，2012年

下页图：焦耳·萨金特（Joules Sargent）
《月亮碗1号》，2012年
炻器，黏土、白垩釉、悬崖落石黏土、罂粟釉以及回收材料，作品尺寸：46 cm（直径）

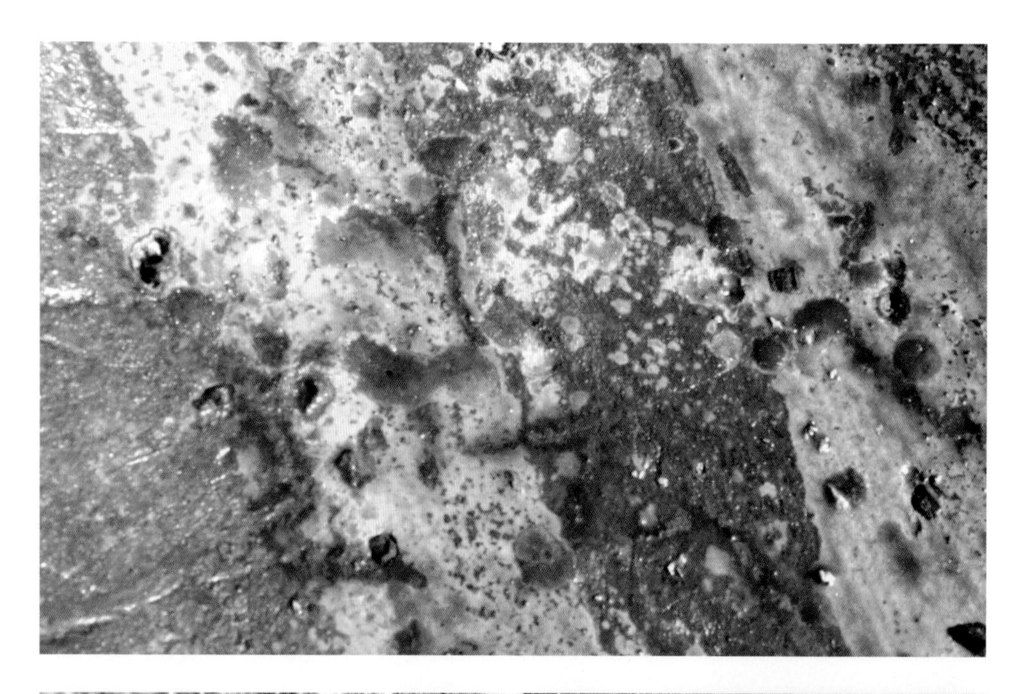

焦耳·萨金特（Joules Sargent）
《月亮碗1号》（细节），2012年

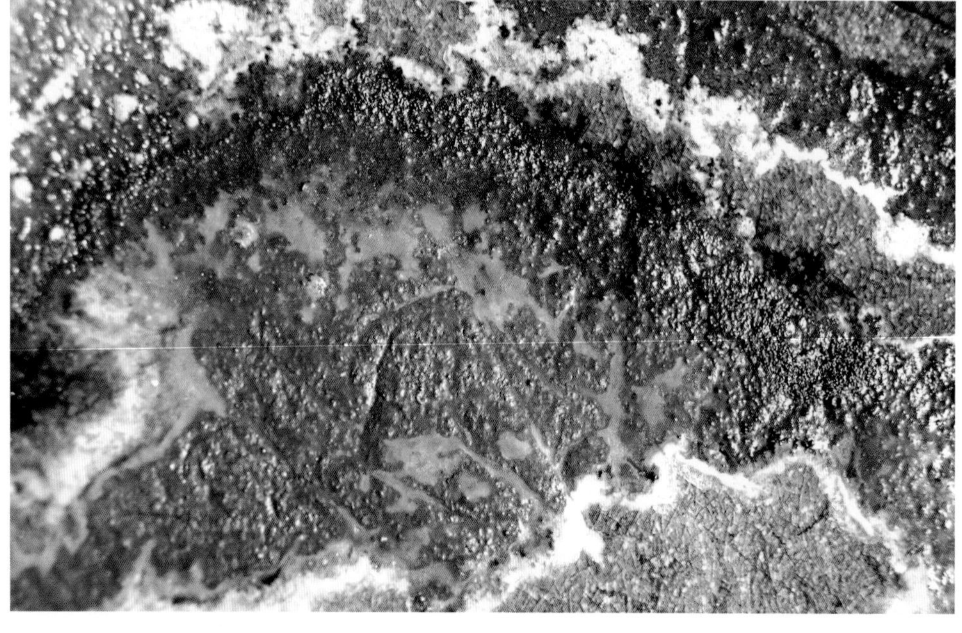

焦耳·萨金特（Joules Sargent）
《月亮碗2号》（细节），2012年
炻器，黑砂、回收玻璃和混合釉汇集在碗心
摄影：焦耳·萨金特（Joules Sargent）

第十一章 作品赏析

米兰达·福雷斯特（Miranda Forrest）
《明古莱碗》，2010年
瓷器，还原焰烧制至9号锥，作品尺寸：11 cm×27 cm
摄影：米兰达·福雷斯特（Miranda Forrest）

明古莱岛是外赫布里底群岛南端的倒数第二个岛屿。它的历史与西面40英里处的圣基尔达相似，不同之处是，它现在无人居住。

我在去明古莱岛露营度假之前，获得了这个岛的所有者苏格兰国家信托基金会的许可，可以从该地区收集少量的铁赭石（这里的储量非常丰富）、枯草、芦苇茎和黄菖蒲叶，以及被冲到海滩上的海藻。这些材料，包括一个被风吹落的旧鸟巢里的草，都经过加工并用于给这个碗上釉

米兰达・福雷斯特（Miranda Forrest）
《小酒杯》，2011年
瓷，还原焰烧至9号锥，作品尺寸：6 cm × 7 cm
摄影：米兰达・福雷斯特（Miranda Forrest）

我经常用各种酒杯来做釉料测试。陶瓷是为盛物而制造的——制造者创造的形状传递到使用它们的人手中——它是一种亲密的触觉艺术。我喜欢改变拉坯器物的形状，赋予它在使用者手中的趣味和多样性。陶瓷也是一种视觉艺术，我一直惊艳于使用天然材料制作的釉料，颜色多变且适宜。

米兰达・福雷斯特（Miranda Forrest）
《螺旋盖罐》，2011年
炻器，釉料使用2份钾长石（外购）、1份马尾灰、1份鸢尾灰（黄菖蒲）和1份谷物秸秆灰湿法混合制成。如果要进行比较，请参见上面的小酒杯；左边的第二个（瓷器）上有相同的釉料。还原焰烧至9号锥，作品尺寸：20 cm × 14 cm
摄影：米兰达・福雷斯特（Miranda Forrest）

制作陶瓷的一个有趣的方面是，当陶艺家在烧制结束后打开窑门，作品往往会让制作者感到惊讶。当使用的是天然的、未经提炼的材料时，这种感受更为强烈。这件作品就是这样一个例子。

米兰达·福雷斯特（Miranda Forrest）
《高足碗》，2011年
瓷器，还原焰烧至9号锥。作品尺寸：7 cm × 12 cm
摄影：米兰达·福雷斯特（Miranda Forrest）

这是我最喜欢的釉料之一，由芦苇和浮木制成，湿法混合1份钾长石（外购）、1份浮木灰和1份芦苇灰，作品尺寸：8 cm × 13 cm。它会根据厚度、烧成温度以及浮木的种类而发生微妙的变化。颜色范围从淡绿色到淡蓝色，在堆积的地方颜色更深。

米兰达·福雷斯特（Miranda Forrest）
《颜色和风景呼应的碗》，2010年
瓷器，还原焰烧至10号锥，作品尺寸：5 cm × 28 cm
摄影：米兰达·福雷斯特（Miranda Forrest）

这只碗的釉料是由谷物秸秆、马尾草、荨麻和少量海藻制成，分层刷在表面，所有这些材料都是从照片拍摄地收集的。当我第一次搬到南尤伊斯特岛时，就觉得已经实现了我的愿望，即把自然景观通过直接或间接的方式带到陶瓷作品中。

第十二章

健康与安全

海洋植被

过去，海藻在世界范围内被收集起来用作食物和有机肥料，对我们来说更重要的是用于玻璃和陶瓷行业。海藻中自然砷含量略高于大多数陆地植被。在自然状态下，它以砷糖的形式存在，是一种相对无毒的形式。然而，当海藻燃烧时，砷会变成一种毒性更强的状态，并在烟雾中释放出来。当大量收集并燃烧时，会导致牲畜和公共健康问题[1]。即使燃烧少量，也应注意烟雾的传播方向，以免被吸入。此外，燃烧海藻灰的窑炉应该有烟道。陶艺家经常用海藻做实验，因为海藻是著名的天然釉料原材料，但他们也应该意识到海藻中含有少量的砷，并在加工时采取有效的预防措施。

收集材料

天然釉料的原材料经常出现在土地不稳定的地方。请注意这一点并采取合理的预防措施，如穿合适的鞋。如果有东西可能从上面掉下来，请戴上安全帽。告诉别人要去哪里或与人同行。在收集材料或进入私人土地之前，请务必征得许可。

我尽量收集不需要打碎的岩石，但如果需要用锤子打碎岩石，一定要戴上厚手套和护目镜来保护眼睛。也要穿上防护服，因为岩石碎片可能非常锋利，并且要注意周围的其他人。

采集植物时，如采荨麻或蓟需要戴手套，如果对某些植物过敏，请穿上必要的防护服。有些植物在折断的地方非常锋利，所以弯腰时要小心，不要让茎刺伤，尤其是眼睛。

上页图：米兰达·福雷斯特
（Miranda Forrest）
《花瓶》，2011年
瓷器，采用1份“8号锥”基础釉和1份野生当归灰湿法混合制成的釉。还原焰烧至9号锥，作品尺寸：9 cm × 7 cm。这个花瓶有一个内环，便于插花
摄影：米兰达·福雷斯特
（Miranda Forrest）

1. 参考文献：G. J. Riekie, P. N. Williams, A. Raab, A. A. Meharg 2006, *The potential of kelp manufacture to lead to arsenic pollution of remote Scottish Islands*, Aberdeen University.

燃烧材料

在点火之前，要检查现场是否已清除障碍物并准备好灭火器。任何烟雾都可能是有毒的，所以尽量不要吸入。也要注意其他人不要出现在烟雾的传播路径上。空气中火花可能会点燃下风向的干燥植被。不要让火堆处于无人看管状态。

腐蚀性材料

不要吸入干灰。搅动干灰时，一定要戴上口罩。灰烬具有腐蚀性，所以避免沾到皮肤上，接触时一定要戴手套。处理所有釉浆时，也请戴上乳胶或类似的防水手套。

黏土只有在灰尘状态被吸入才会造成健康问题。不要吸入任何陶瓷粉尘。在工作室里，一定要用湿海绵或拖把进行清洁，千万不要用干刷子。

烧窑

不要在没有烟道的窑中燃烧未知物质。这在不通风或没有换气系统的工作室中尤为重要。始终假定在烧制过程中可能会释放有毒烟雾。按照制造商的说明来烧制窑炉。

概要

请注意，天然材料可能含有有毒物质。在本书的中，“天然”是指未经提炼和测试的。可以向本地人询问是否存在异常高浓度的潜在有毒物质，这通常是众所周知的。也可以向政府机构、大学和环境机构了解此类信息。

食物安全

许多国家都有专门适用于食品接触用陶瓷的立法。英国立法的信息由国家档案馆保存，其他国家也会提供适用信息。如果这些规则和限制与你的工作相关，请自行了解。

我已经对本书中材料进行了最终的釉料测试，并且通过了适用于英国食品接触用陶瓷的现行立法。

结语

通常，大多数制作陶瓷的人都会钟爱某项工艺，无论是制造、上釉还是烧制的某个环节。在使用自己收集来的材料之前，我从未真正享受过上釉的过程。而现在，这一切对我而言更加自然，我喜欢感受到作品与当地环境之间的联系。

我收集的制釉材料与生活息息相关。作为业余爱好，我养了一小群本土的赫布里底（Hebridean）羊，用于手工纺织羊毛。在本地品种绵羊大会上，我受邀为展览制作一顶毡帽，在帽子上添加了一个乐烧陶瓷的装饰，釉料中的铁赭石来自我放羊的地方。

我对制作天然釉料感到非常满意和着迷，希望你们也能发现使用天然材料的迷人之处。去户外走走，看看能找到什么！一些铁赭石？将其涂在基础釉之下或之上，它不仅可以赋予作品以个性，而且会成为行走叙事的一部分——也许是你的行走成为器物叙事的一部分？

米兰达·福雷斯特（Miranda Forrest）
《手纺、针织和毡制的帽子》，2012年
乐烧瓷器作品，细节部分使用赭石铁装饰
摄影：米兰达·福雷斯特（Miranda Forrest）

扩展阅读

Angus, Stewart, The Outer Hebrides: The Shaping of the Islands (Cambridge: The White Horse Press, 1998).

Cardew, Michael, Pioneer Pottery (London: A&C Black, 2002).

Daly, Greg, Glazes and Glazing Techniques (London: A&C Black, 2003).

Dassow, Sumi von, Low-firing and Burnishing (London: A&C Black, 2009).

Dodd, Mike, An Autobiography of Sorts, (Hampshire: Canterton Books, 2004).

Ellis, Clarence, The Pebbles on the Beach (London: Faber and Faber, 1972).

Leach, Bernard, A Potter's Book (London: Faber and Faber, 1976).

Mathieson, John, Raku (London: A&C Black, 2002).

Obstler, Mimi, Out of the Earth, into the Fire (Ohio: The American Ceramic Society, 2000).

Rhodes, Daniel, Stoneware and Porcelain (London: Sir Isaac Pitman and Sons Ltd, 1969).

Rogers, Phil, Ash Glazes (London: A&C Black, 2003).

Rothery, David, Teach Yourself Geology (London: Hodder & Stoughton Ltd, 2003).

Sutherland, Brian, Glazes from Natural Sources (London: A&C Black, 2005).

米兰达・福雷斯特（Miranda Forrest）
《小花瓶》，2011年
瓷器，由1份康沃尔石（外购）、1份马尾灰、1份鸢尾灰（黄菖蒲）、1份麦秸灰混合而成。还原焰烧至8号锥。作品尺寸：4.5 cm×6.5 cm
摄影：米兰达・福雷斯特（Miranda Forrest）